高手复盘与控局

孙靖煜◎编著

北方妇女儿童出版社
·长春·

图书在版编目（CIP）数据

高手复盘与控局 / 孙靖煜编著. -- 长春 : 北方妇女儿童出版社, 2024.3

ISBN 978-7-5585-8402-2

Ⅰ. ①高… Ⅱ. ①孙… Ⅲ. ①成功心理–通俗读物 Ⅳ. ①B848.4-49

中国国家版本馆CIP数据核字(2024)第060604号

高手复盘与控局

GAOSHOU FUPAN YU KONGJU

出 版 人　师晓晖
策 划 人　陶　然
责任编辑　于洪濡
装帧设计　天下书装
开　　本　710mm × 1000mm　1/16
印　　张　9
字　　数　150千字
版　　次　2024年3月第1版
印　　次　2024年3月第1次印刷
印　　刷　三河市南阳印刷有限公司
出　　版　北方妇女儿童出版社
发　　行　北方妇女儿童出版社
地　　址　长春市福祉大路5788号
电　　话　总编办：0431-81629600

定　　价　49.90元

PREFACE

前言

生活是复杂的，每个人都会在各自的人生旅途中遇到难题，此时能否正确应对、巧妙解决这些难题，就成了区分个人能力高低的重要标准。要知道，真正的高手是懂得复盘与控局的，他们能以最从容自信的态度面对生活中的各类难题，也能用复盘的思维去分析难题，同时以把控全局的控局智慧予以应对，最终成功解决自己遇到的难题，获得人生成长的重要进步。

那么，什么是复盘思维？什么又是把控全局的控局智慧呢？

所谓复盘思维，我们可以将它简单地理解为“反思+总结+行动”，具备复盘思维的人懂得对过往的经验进行总结，并通过积极的反思来归纳经验，从而以此来指导之后的行动。所谓控局智慧，简单来说就是人们在面对各类情境或者问题时，懂得从全局角度出发，以饱含智慧的方式去处理和应对，比如万事懂得低调为之，又比如懂得人际往来的交往智慧，以及为人处世懂得谨小慎微等。

不难看出，所谓的复盘和控局，其实是一个人自我成长与为人处世时所具备的智慧。如果一个人能够具备出色的复盘与控局智慧，就能以更加从容的姿态去面对人生的各种难题，懂得通过不断地自我反省与总结，来找出最适合自己发展的道路，同时凭借出色的控局智慧来与人交际，获得掌控全局的优势。

为了让广大读者更好地理解复盘与控局的智慧，我们特意编写了这本《高手复盘与控局》图书，全书共分两部分，第一部分以“高手复盘”为主题，向读者详细阐述复盘思维的要点，同时以由浅入深的方式向读者剖析如何运用复盘思维；第二部分以“高手控局”为主题，紧密贴合人际往来的实际情况，以环环相扣的方式向读者解读控局的不凡智慧。在此基础上，我们还在书中绘制了丰富的插图，力求为读者呈现图文并茂的阅读效果，以此来加深读者对本书的理解与吸收。

最后，希望这本图书能带领广大读者走进不一样的自我成长世界，在深入了解复盘与控局智慧的基础上，懂得运用复盘思维和控局智慧去解决人生路上的各类难题！

CONTENTS

目 录

上篇 高手复盘

下篇　高手控局

上篇

高手复盘

复盘是一个系统性的过程，旨在深入分析并总结过去的事件或行动，从而明确成功的关键因素、存在的问题以及潜在的改进空间。这一过程并不仅仅是简单地回顾过去，而是通过对事件全过程（包括制订计划、执行过程和最终结果）的细致剖析，提炼出有价值的经验教训。通过复盘，我们可以不断进步，更好地应对未来的挑战。

何为复盘

复盘，是深度自我审视和学习的过程。通过复盘，我们能够不断调整和优化策略，提升自身能力，为迎接未来的挑战打下坚实的基础。这个过程不仅能推动我们持续成长，更能使我们在反思中不断进步，逐步走向成功。

复盘一词源于围棋游戏，意指在棋局结束后，对棋局的每一步进行回顾和分析。后来，复盘的理念逐渐扩展到其他领域，成为个人和组织用于总结经验、增强能力的重要工具。借助复盘，我们能够更全面地了解事件的经过，洞察问题的核心，进而制定出更具针对性的策略。

复盘对棋手而言，是提升棋艺的重要途径。通过回顾和分析棋局，棋手可以审视自己的决策过程，总结出策略上的优势和弱点，进而调整和优化自己的战术。

说起复盘，就不得不提曾国藩，他不仅在政治和军事方面备受世人推崇，在文学和理学等领域也获得了很高的声望。不过，曾国藩小时候并不是很聪明，甚至还有些迟钝。据传，曾国藩小时候，有一次背诵课文，一连读了上百遍都没记住，藏在床下的小偷都忍不住了，爬了出来，流利地把课文背诵了一遍，随后扬长而去。

资质平平的曾国藩之所以能够建立丰功伟业，得益于他日复一日坚持“静坐”复盘。31岁时，曾国藩设立了一套每日十二条的必修课，其中就有一条“静坐”。他每天坚持静坐一小时，专心思考一天的表现，反思自己的不足，并加以改进。正因为复盘，他才能在不同的领域不断进步，最终取得伟大的成就。

复盘的步骤：系统化的过程

复盘是一个系统化的过程，涉及目标的设定、过程的记录、成果的评估、原因的分析、经验的总结以及改进计划的制订等多个环节。首先，回顾预先设定的目标，为后续分析提供基准。其次，详细叙述整个事件或行动的过程，确保信息的完整与准确。再次，对比实际结果与预期目标，辨别成功与失败的关键因素。在此基础上，深入分析成功与失败的原因，总结经验教训。最后，根据复盘结果，制定具体的改进策略和新的行动计划，以指导未来的行动。

复盘的作用：实现持续进步

复盘在个人和团队的发展中有着至关重要的作用。它帮助我们深入剖析过去的经历，发现成功的秘诀和失败的原因，进而指导我们做出更加明智的决策。通过复盘，我们能够不断积累经验、优化策略，避免重蹈覆辙。更重要的是，复盘能够激发我们的创新思维，推动我们不断突破自我，实现更高的目标。因此，对于追求持续进步的个人和团队来说，复盘是不可或缺的重要一环。

复盘与目的：相辅相成

在追求目标的过程中，明确的目的和复盘同样重要。明确的目的为行动提供了清晰的方向和动力，是成功的基石。而复盘则是对行动过程和结果的深刻反思，帮助我们学习和成长。复盘不仅能帮助我们评估目标的完成情况，发现成功和失败的原因；还能提炼经验，为未来的行动提供宝贵的参考。因此，目的与复盘相辅相成，共同推动个人和团队不断进步，以达成更高的成就。

复盘：破解生活难题的利器

复盘，作为一种深度反思与学习的工具，对于解决生活中的难题具有不可估量的作用。当我们面对困境时，复盘能够帮助我们跳出当前的思维框架，重新审视问题的本质和背后的原因。通过复盘，我们能够更加清晰地看到问题的全貌，从而找到潜在的解决方案，并制订出更加有效的行动计划。因此，无论是在生活中还是在工作中，复盘都是强大的武器，帮助我们破解难题，实现下一个目标。

复盘的本质

复盘是严谨的生活态度，但在进行团队复盘时，保持轻松的状态至关重要。只有在轻松的氛围中，团队成员才能更加自由地交流想法，分享经验，而不用担心受到别人的批评或指责。这种轻松的状态有助于激发团队的创造力和合作精神，促使团队成员更加积极地参与复盘过程。

复盘包含三个层次。首先是观象，即全面观察事件的表象，收集事实。其次是究因，深入挖掘事件背后的原因和动机。最后是自省，审视个人的行为与决策，评估自身成长。这三个层次逐步深入，帮助我们全面理解事件，实现成长。

复盘，是对所有事件都带着学习的态度，并给予足够的关注。它超越表面的回顾，深入挖掘事件的价值与意义。通过复盘，我们可以洞察事件的内在逻辑和核心问题，把握其本质。复盘不仅能促进个人与团队的成长，还能避免未来重蹈覆辙。

瑞·达里奥是桥水基金的创始人，对复盘极为重视。桥水基金作为全球顶尖的对冲基金，其辉煌成就离不开达里奥独到的投资智慧和决策。他深知，从过往决策中汲取宝贵经验，对未来投资至关重要。因此，桥水内部建立了一套严密的复盘体系，定期审视投资策略、市场预判及交易抉择。这种反思与总结，让桥水在风云变幻的金融市场中始终稳健前行，不断积累成功经验。达里奥的复盘理念，不仅创造了桥水的辉煌，也为全球投资者提供了宝贵的经验和启示：珍视过去，洞见未来，这样才能在投资的道路上越走越远。这种对复盘的深刻理解和实践，让桥水基金在业界独树一帜，成了众多投资者学习和模仿的榜样。

复盘：思想挖掘价值，行动验证成果

复盘是一个循环往复的过程，始于思想的深度挖掘，终于行动的实践检验。在这个过程中，我们通过反思和审视，提炼出事件中的智慧和价值，形成新的思想和策略。这些思想和策略不仅为我们未来的决策提供了有力支持，更为我们未来的行动指明了方向。然而，思想的价值最终需要通过行动来证明。通过实践，我们不仅能够检验思想的正确性，更能够在实践中不断完善和调整自己的行为，使其更加符合实际情况。

复盘：自我发现之旅

复盘，作为一种深度的自我剖析，为我们提供了独特的视角来重新审视自己的成长轨迹。它不仅仅是对过往事件的总结，还是触发自我觉醒的契机。通过复盘，我们能够深入挖掘自己的内心世界，探寻隐藏在表面之下的真正自我。这样的过程让我们有机会重新审视自己的价值观、追求目标以及潜在能力，从而找到更为精确的个人定位和发展方向。

复盘：为未来铺路

复盘不仅是对过去的回顾，更是对未来的展望。复盘的最终目标并非仅仅停留在对过去的审视与总结上，还要将视角转向未来，制定更为明确的成长策略。通过深入分析过去的成功与失败，我们能够更加清晰地认识到自己的优势和不足，从而制订出更有针对性的个人发展计划。复盘不仅能帮助我们避免重蹈覆辙，还能激发我们的潜能，为迎接未来的挑战做好准备。

亚马逊之所以能以其出色的客户服务和前卫的商业模式闻名，复盘功不可没。其创始人杰夫·贝佐斯坚信数据是驱动决策的关键，他倡导团队定期深入剖析业务数据、用户声音及市场变化。这种对过往经验的细致回顾与总结，帮助亚马逊迅速识别问题，灵活调整策略。如今，复盘已成为亚马逊的核心文化，持续地激发企业的创新活力。从金融到电商，诸多领域的成功实例都表明，复盘是助力企业和个人成长的重要工具。它让我们从过去的实践中汲取智慧，更加自信地面对未来的挑战与机遇。亚马逊的复盘实践，不仅为自身赢得了竞争优势，也为全球企业提供了范例与启示。

成功也需复盘：挖掘背后的智慧

即使事情取得了圆满的成功，我们也不应满足于现状，而是深入挖掘其背后的智慧。复盘成功，意味着对成果的深度剖析，以发现那些促成成功的关键因素和策略。这样的过程不仅有助于我们巩固现有的优势，更能启发我们探索更多的可能性，为未来的挑战做好准备。因此，复盘成功并非只是对结果的简单回顾，而是对成功经验的提炼与升华，为我们的成长和发展提供源源不断的动力。

复盘的价值

复盘并非一个轻松的过程，往往伴随着深刻的反思与自我挑战。回顾过去的经历，我们不得不正视自己的错误和失误，承认自己的不足，并努力寻找改进的方法。这个过程并不容易，它需要我们放下过去的骄傲与固执，以开放的心态接受别人的批评与建议。

许多优秀的企业，诸如联想，深知复盘的重要性，并将其视为推动组织持续进步的核心驱动力。复盘不仅是一种高效的管理手段，更是一种深入人心的企业文化，它激励着团队成员勇于直面挑战、持续学习进步，从而共同助力企业迈向更加辉煌的未来。

若我们回避深度复盘，就可能不断地重蹈覆辙。不反思和修正自己的行为，我们就无法从过往的错误中提炼出成长的智慧，进而及时修正错误，导致相同的错误反复出现。这不仅会消耗我们的精力，还可能阻碍我们个人的发展和进步。复盘，作为一种审视自我和学习成长的工具，能够引导我们深入剖析失败的根本原因，找到有效的解决策略，并避免再次走入误区。

谷歌在搜索引擎推出的早期阶段，曾面临巨大的挑战。用户往往难以迅速找到他们真正需要的信息。面对这一问题，谷歌立刻启动了全面而深入的复盘流程。他们不仅从技术层面对搜索算法进行了彻底的剖析和改进，还积极收集并分析用户反馈，同时密切跟踪竞争对手的动向。

经过一系列精确而细致的调整优化，谷歌搜索引擎在结果准确性和用户体验上均取得了显著的提升。这次复盘不仅帮助谷歌稳固了市场领导者的地位，更赢得了用户的广泛好评和信赖。此后，谷歌将复盘作为日常工作的重要组成部分，致力于为用户提供更加便捷、高效、精准的搜索服务。这个案例充分展现了复盘在推动企业持续改进、创新和发展中的核心作用，为众多企业树立了学习和效仿的榜样。

忘记复盘：人与组织的成长隐患

在日常生活中，人与组织常常存在一种倾向，那就是容易忘记复盘。这种遗忘可能会导致我们在相似的错误中反复挣扎，无法真正汲取教训。无论是个人还是组织，如果忽视了复盘的价值，就可能陷入不断犯同一个错误的困境。他们无法从过去的经验中汲取教训，就无法实现真正的成长与进步。我们必须时刻提醒自己，不要忘记复盘，不能忽视复盘的重要性。持续实践并深化复盘，以确保个人和组织能够不断地学习和成长。在个人或团队进行复盘的时候，我们可以运用一个很常见的复盘工具：项目复盘画布。

复盘：探寻最优选择的智慧

复盘不仅是简单地回顾过去、总结经验，更是一种深度挖掘、优化决策的智慧。它允许我们细致地剖析过去的决策，深入理解其背后的逻辑和影响因素。通过这种深入的剖析，我们能够识别出哪些决策取得了成功，哪些决策存在着不足，并从中汲取宝贵的经验教训。为了让复盘的过程更加顺畅，结果更加有效，在复盘的时候我们可以运用“鱼缸会议”和“U型画布”这两种工具。

团队复盘：协作铸就卓越

团队复盘是一个同心协力、共同进步的过程。在这个过程中，团队成员需要放下个人的成见和固执，以开放的心态共同参与到复盘中。通过深入的交流和讨论，团队成员可以共同回顾项目的执行过程，找到成功和失败的原因，共同探讨改进方案。这种同心协力的精神不仅有助于建立更加紧密和高效的团队关系，还能够激发团队成员的创造力和智慧，共同推动团队向更高的目标迈进。团队复盘的时候，一个有效的工具是4F团队协作复盘画布。

在某大型科技公司，一个软件开发项目在交付后遭遇了严重的性能问题，导致用户体验大幅下降。公司高层对此非常不满，并要求这个项目团队立即进行复盘，找出问题所在并进行改进。

项目团队迅速开展了复盘会议，邀请了相关领域的专家和项目组成员一起参与。在复盘过程中，他们首先回顾了项目的整个生命周期，对需求分析、设计、编码、测试和上线等各个环节进行了详细的梳理。

通过深入剖析和讨论，团队成员发现了一些关键问题，并针对这些问题提出了相应的改进措施。经过一段时间的努力和改进，项目团队成功地解决了性能问题，并提升了用户体验。公司高层对项目团队的复盘工作和改进成果给予了高度评价，并将其作为公司内部复盘学习的典范进行推广。

复盘工具：组织成就与个人成长的融合器

在当今快速发展的组织环境中，个人成长与组织成就日益紧密地交织在一起。组织为个人提供了成长的舞台和丰富的资源，而个人的成长则成为组织持续发展的保障。在这样的背景下，复盘工具显得尤为重要，“未来探索”是一个很不错的团队复盘工具。它不仅能够帮助个人和组织回顾过去，总结经验教训，还能够指导个人和组织未来发展的方向。通过复盘，我们可以深入理解组织文化和价值观，明确个人在组织中的定位和发展路径。

复盘的类型

复盘的类型有很多种，每一种都有其独特的价值和作用，主要包括：问题复盘、事件复盘、对标复盘及分类复盘。

复盘作为一种重要的学习工具，其多种形式为个人和组织的成长提供了全方位的助力。问题复盘聚焦挑战和困难，助力我们找到核心的问题和解决方案；事件复盘帮助我们深入剖析事件的始末，从中吸取经验和教训；对标复盘则为我们提供了参照系，让我们明确自身的差距和未来的努力方向；而分类复盘使我们能够全面审视个人或组织在不同领域的表现，实现均衡发展。

复盘作为一种策略性工具，其深度和广度可以根据参与人的不同而有所调整。当复盘聚焦在个体层面时，我们称之为自我复盘，它是个体成长的助推器。而当复盘涉及团队层面时，我们称之为团队复盘，它是集体智慧的熔炉，促进团队成员间的深度交流和协作。

王明是一名销售人员，最近他的销售业绩不尽如人意。尽管他很努力地拓展客户，但仍然无法达到公司的销售目标。

为了找到问题所在，王明决定进行一次自我复盘。他回顾了自己过去几个月的销售记录，分析了每个客户的购买行为和反馈意见。通过深入剖析，他发现自己在与客户沟通时缺乏针对性和专业性的讲解，导致客户对他的产品缺乏信任感。

王明意识到，他需要提升自己的销售技巧和专业知识，以便更好地满足客户的需求。于是，他开始积极学习销售技巧和产品的专业知识，并与同事和上级交流经验。

经过一段时间的努力，王明的销售业绩开始逐渐提升。他更加自信和专业地与客户沟通，成功地获得了客户的信任和认可。这次自我复盘让王明认识到了自己的不足之处，并激发他不断学习和进步。从此以后，他将自我复盘作为自我提升的重要工具，不断挖掘自己的潜力，追求更好的业绩。

自我复盘：虽简单却总有意外收获

自我复盘，看似一个简单的个人反思过程，却常常能带来意想不到的收获。它能够让我们静下心来回顾自己的决策、行为和结果，梳理思路，总结经验。就在这种深入自我对话的过程中，那些平时被忽略的细节、潜在的

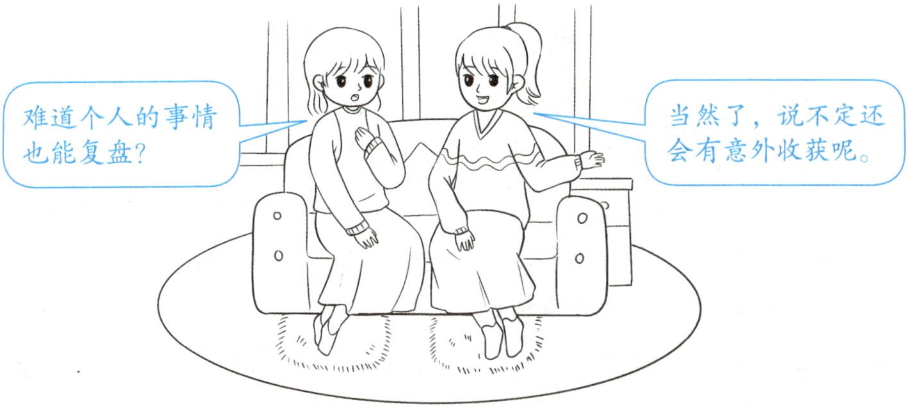

问题和新的灵感往往会浮现出来。这些发现不仅能帮助我们更全面地认识自己，也为未来的成长和进步铺平了道路。

团队复盘：需精心策划的大型讨论会

团队复盘，作为一场旨在总结与提升的讨论会，其时间、地点和人员的安排显得尤为重要。合适的时间能够确保团队成员及时回顾并分享心得，避免信息遗漏；舒适的地点则有助于营造轻松的讨论氛围，促进成员之间的深入交流；而精心挑选的参与人员则能确保观点全面、信息丰富，共同推动团队进步。只有在这三大要素的共同作用下，团队复盘才能发挥实效，助力团队持续进步。

杨冬是一家初创公司的CEO，公司最近推出的新产品市场反响平平。他决定组织一次复盘会议，查找问题所在。

会议上，团队成员各抒己见，从产品设计、市场推广到客户服务，对每个环节都进行了仔细审视。通过对数据和用户反馈的分析，他们发现产品在用户体验上存在明显不足。

杨冬引导团队成员进行深入讨论，大家逐渐意识到，在追求功能全面的同时，他们忽视了用户操作的简便性。于是，团队成员决定对产品进行重构，优化用户体验。

经过几周的紧张工作，新版本的产品上线了。这次，市场反响热烈，用户好评如潮。杨冬感慨万分，复盘不仅帮助他们找到了问题，还激发了团队的创造力和协作精神。

从此，复盘成为这家公司的常规操作。每当遇到挑战，他们都会聚在一起，回顾、分析、改进。复盘的力量，让这家小公司在激烈的市场竞争中稳步前行。

复盘他人：被忽视的人生智慧

在众多复盘类型中，对他人进行复盘往往被忽视，但其内在的价值与智慧不容忽视。复盘他人也就是观察和分析他人的决策、行为和结果，从中汲取宝贵的经验和教训。这种复盘类型不仅能拓宽我们的视野，使我们接触到不同的思维方式和行为模式，还能激发我们的创新思维和解决问题的能力。通过复盘他人，我们可以洞察他人的优势与不足，进而反思自己，避免走他人走过的弯路。

复盘中的关键角色

在复盘的过程中，有三个角色缺一不可。发起人设定明确目标，引领复盘方向；召集人负责协调各方，确保全面参与；复盘教练引导团队深入分析，找到潜在的问题。

在复盘的过程中，发起人扮演着引领者的角色，他们提出复盘的需求和目标，激发团队人员反思。召集人则负责组织和协调，确保各方参与者能够共同参与复盘过程。而复盘教练则发挥引导和支持的作用，帮助团队发现潜在问题，引导成员进行深入分析，并提供专业的指导和建议。这三个关键角色共同协作，才能使复盘工作得以高效、有序地进行。

复盘召集人是复盘过程的核心人物，他们肩负着让复盘顺利进行、确保复盘质量的重要责任。复盘召集人需要全面把握复盘的目标和重点，制订详细的复盘计划，并引导团队成员积极参与、深入交流。他们还需要具备敏锐的问题洞察力和丰富的经验，能够及时发现问题和解决问题，确保复盘取得实效。

在一个软件开发项目中，团队面临严重的进度延误。为了找出问题并改进，项目经理小张决定发起一次复盘。

作为发起人，小张明确了目标：找出延误的原因，提出改进措施。他邀请团队成员和相关部门代表参与这次复盘。

小张知道，单靠他一人难以协调各方，于是他请来了经验丰富的李经理作为召集人。李经理迅速行动，确保每个参与者都能发声。

为了确保复盘深入，他们还请了专业的复盘教练王老师。在王老师的引导下，团队深入挖掘了问题的根源，发现了沟通不畅和资源分配不均等关键问题。

经过这次复盘，团队不仅找到了问题，还制定了有针对性的改进措施。而复盘的三大角色——发起人小张、召集人李经理、复盘教练王老师，如同三剑客一般，共同助力团队走出了困境，朝着正确的方向前进。

复盘中的三方协作

成功复盘，离不开三方的精诚协作。首先是引路人，他们掌控节奏，确保复盘在正确的轨道上前行；其次是探问人，他们不断提出深思性的问题，

激发团队的智慧火花，挖掘问题的根源；最后是叙述人，他们通过生动重现事件的整个过程，为团队提供清晰的事件脉络，辅助大家精准地分析问题。三者各司其职，相互补充，共同成就一次高效与成功的复盘。

引路人掌控复盘的方向

在复盘的过程中，引路人发挥着至关重要的作用。他们是复盘流程的舵手，负责确保复盘的方向正确、步骤清晰。引路人不仅要帮助团队成员明确复盘的目标和重点，还要确保每个参与者都能在正确的轨道上贡献自己的力量。通过引路人的精准把控，复盘过程得以高效推进，从而避免偏离主题或陷入混乱。此外，引路人还负责调节团队氛围，确保讨论环境和谐，每个成员都能畅所欲言，共同为团队的成长出谋划策。

探问人触及复盘的真正核心

探问人是复盘过程中的重要角色，他们通过不断地追问和思考，激发团队成员深入挖掘问题的本质。探问人的提问，不仅引导团队成员深入思考，还帮助其揭示隐藏的细节和潜在问题。他们的设问能力，对于提升复盘的深度和效果，促进团队成长至关重要。探问人的存在，使复盘不仅仅停留在表面，而是能真正触及问题的核心。

叙述人提升复盘的效率

叙述人负责详细而准确地描述事件或项目的整个经过，提供全面的背景信息和情境重现。通过叙述人的讲述，团队成员能够更好地理解事件或项目的来龙去脉，把握关键细节，并对问题有更深入的认识。叙述人的作用不仅在于传递信息，更在于为团队提供一个共同的理解基础，促进成员间的沟通和协作。

复盘的内容与误区

表面所见，未必为实。在日常工作中，许多事物的真实面貌常常被表面的假象所掩盖。为了避免被这些假象所迷惑，我们需要进行深入的复盘。

复盘不仅仅是对过去事件的简单回顾，更是一种挖掘真相、洞察本质的过程。通过复盘，我们能够透过表面现象，发现隐藏的问题和机遇，从而做出更加明智和准确的决策。复盘不仅是一种工作方法，更是一种智慧的体现，它帮助我们拨云见日，看清事物的真实面貌。

当项目进展遭遇困境，迷雾笼罩我们前进的道路时，复盘成为驱散迷雾的利器。复盘犹如一把锋利的剑，助我们斩断表象的束缚，触及问题的核心。

一家电商公司最近销售额下滑，总经理决定组织复盘会议查找原因。在会议上，团队开始罗列各种数据和问题，但很快就进入了误区。

他们只关注销售数字，却忽视了用户反馈和市场趋势。总经理意识到团队陷入了“数据泥潭”，他打断了讨论，提醒大家：“复盘不只是看数据，更要挖掘数据背后的原因。”

团队重新调整方向，开始分析用户行为、市场变化和竞争对手的策略。通过深入讨论，他们发现近期竞争对手推出了更有吸引力的促销活动，导致部分用户流失。同时，自家网站的用户体验也存在一些问题，影响了转化率。

总经理总结道：“复盘要全面、深入，避免只看表面数据。我们要从用户和市场出发，找到真正的问题所在。”团队成员纷纷点头，表示将在后续工作中更加注重复盘的质量和深度。这次复盘虽然起初迷失了方向，但最终总经理还是帮助团队找到了正确的方向。

复盘的三大议题

复盘时，我们主要聊三个方面的内容。首先，看看项目目标达到了吗？为什么达到了或没达到？其次，聊聊项目实施过程中遇到了哪些挑战，是怎么应对的，大家合作得怎么样？最后，一起总结一下这次的经验和教训，看看哪些做得好，哪些可以改进，以后怎么能做得更好。通过这样的讨论，我们能更清楚地了解项目的情况，一起进步，让团队越来越强。

复盘聚焦：项目目标是否达成

复盘的核心目的之一是评估项目目标是否达成了。在回顾项目历程时，我们要深入讨论并验证项目的初衷与实际成果是否相符。这不仅涉及对最终结果的考量，还包括对过程中阶段性目标的评估。通过复盘项目目标是否达成，我们能够清晰地认识到项目在执行过程中的成效与不足，为后续工作提供宝贵的参考资料。

复盘探索：剖析项目过程中遭遇的挑战

复盘不仅仅是对结果的审视，更是对项目过程中遭遇的挑战的深入挖掘与剖析。在复盘过程中，我们需要深入讨论项目执行期间遇到的各种难题、障碍和意外情况。这些挑战可能涉及资源分配、团队协作、技术难题、市场变化等多个方面。通过详细分析这些挑战，我们可以更好地了解项目进行过程中的波折与困境，并总结出应对策略和经验教训。

一家初创企业的团队在最近的项目中遭遇了失败，他们决定进行复盘以找出问题所在。然而，复盘过程并非一帆风顺。

首先，团队成员对失败的原因持不同意见，讨论时发生了激烈的争执。有人认为是市场定位不准确，有人则坚持是产品功能不足。气氛一度紧张到无法继续复盘下去。

其次，当团队尝试收集用户反馈时，发现数据量很少，难以为复盘提供有力支持。因为缺乏足够的信息来做出准确的判断，这让他们陷入了困境。

面对这些挑战，团队几乎要放弃复盘。就在这时，他们的导师介入了。他引导大家冷静下来，以更开放的心态重新审视问题。同时，他建议团队通过其他渠道收集信息，如与潜在的客户交流、分析行业趋势等。

在导师的帮助下，团队逐渐克服了困难，复盘得以顺利进行。最终，他们找到了失败的根本原因，并制定了相应的改进措施。这次经历让团队深刻认识到，面对挑战时，冷静和坚持是成功的关键。

复盘萃取：智慧结晶，经验传承

复盘不仅仅是对过往项目的简单回顾，更是一次深度的智慧萃取过程。在这个过程中，我们致力于从项目执行的每一个细节中提炼出宝贵的经验和

教训，将其转化为团队共同的智慧结晶。这些经验不仅涵盖了项目管理的各个方面，还涉及团队协作、市场策略、技术创新等核心领域。通过复盘萃取，我们能够将这些经验智慧化、系统化，为团队未来的工作提供强有力的支持和指导。

复盘超越思考：实践与反思的结合

复盘并非仅仅停留在纯思考的层面，它更是一种实践与反思的有机结合。相较于单纯的思考，复盘更加强调对实际项目经验的回顾与总结。它要求团队成员共同回顾项目的进展、成果和挑战，通过深入的分析和讨论，将实践经验转化为可操作的方法和策略。复盘不仅关注问题的根源和解决方案，还注重团队成员之间的交流和协作，以促进知识的共享和团队智慧的积累。

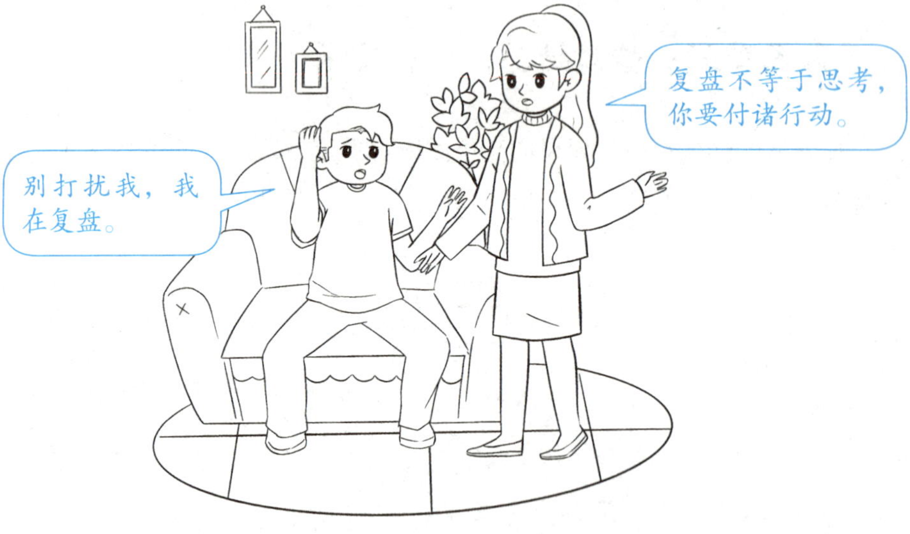

复盘超越总结：深度反思，前瞻规划

复盘不仅是对项目结果的简单总结，它更注重深度反思和前瞻规划。复盘要求团队成员回顾整个项目过程，挖掘成功和失败背后的原因，从中吸取教训。同时，它还关注如何基于过去的经验，为未来的项目发展提供建议和方向。因此，复盘是一个既回顾过去又展望未来的过程，旨在帮助团队不断进步和创新。

复盘超越思过：全面审视与策略调整

复盘强调对整个项目或任务进行全面审视，它不仅关注错误和失败，也关注成功和亮点。它旨在深入剖析项目实施过程中的每一个环节，从目标设定到执行策略，再到结果反馈。复盘的目的是从中吸取经验教训，并据此进行策略调整，以确保未来能够更好地执行任务。因此，复盘超越了简单的自我检讨或错误纠正，是一个拥有综合性和前瞻性的过程。

复盘的三大障碍

复盘是一个深入剖析过去经历、提炼智慧的过程。它超越了简单的结果总结，更加注重对过程中做出的决策、采取的行动以及最终成果的回顾与分析。

通过复盘，我们可以重新审视自己的决策和行为背后的原因，理解成功和失败的根本原因。同时，复盘也是一个团队协作和沟通的过程，有助于增强团队凝聚力和队员的共同成长。因此，复盘不仅是一种个人成长的工具，也是团队进步的重要方法。

真话之光：复盘中的坦诚与成长

在复盘过程中，真话是不可或缺的。它直接触及问题的核心，促使团队成员之间进行真实的交流。只有敢于说真话，我们才能共同面对问题，推动团队的持续改进和成长。然而，由于种种原因，团队成员不敢在复盘时说真话。为确保团队成员敢于表达，需营造安全、信任的氛围，鼓励大胆发言，并尊重每位成员的意见。另外，建立匿名反馈机制也有助于增强团队的开放性和真诚度。

勇于担当：复盘之路才能顺畅无碍

在复盘过程中，勇于担当是每个团队成员都应展现的品质。回避问题、推卸责任不仅阻碍团队成长，更损害团队内部的信任与合作氛围。担当意味着正视自身的错误，积极寻求改进之道。

在一次重要的项目复盘会议上，团队成员们面色凝重。小李是项目的主要负责人之一，他在复盘开始时有些犹豫。他知道，项目失败的部分原因在自己身上。是坦白承认，还是找借口推卸责任？

正当小李内心挣扎时，他看到了团队中其他成员的眼神，那是对真相的渴望，对担当的期待。因此，小李深吸了一口气，决定担起责任。

他详细描述了自己在项目中的失误，并坦诚地表示愿意为此承担责任。出乎他的意料，大家并未责备他，反而有成员表示自己也有疏忽。

在坦诚的氛围中，大家纷纷说出自己的问题，共同寻找解决方案。小李明白，担当不仅是对自己负责，更是对团队成员的信任。

复盘中的勇气：突破界限，敢于创新

在复盘过程中，我们有时可能因为害怕犯错或担心超出预期而不敢越雷池一步。然而，真正的进步往往来自对传统的挑战和对边界的突破。在复盘时，我们需要鼓起勇气，敢于尝试新的方法和思路，不怕失败和批评。

停止抱怨，尝试自我复盘

抱怨往往是一种逃避责任的表现，它不能解决问题，只会让我们进入消极情绪的旋涡。沉溺于抱怨无法推动我们向前，唯有摆脱这种消极情绪，进行自我复盘，才能真正成长。

自我复盘是一个深度自省和积极进取的过程。它要求我们以开放的心态审视自己的过去，不回避问题，不掩饰短板。复盘不是简单的自我批评，而是对自我成长路径的重新审视和规划。

高质量的复盘不仅仅是技巧和方法的积累，更是心态的重塑和视野的拓展。一个积极开放、勇于自省的心态，是提升复盘质量的基石。

良好的心态在复盘过程中扮演着至关重要的角色。它能够帮助我们更加客观地看待问题，不被情绪所左右，从而确保复盘的准确性和有效性。一个平和、开放、包容的心态，能够让我们更加深入地剖析自己和他人的行为与决策，发现其中的优点与不足，进而为未来的改进提供有力的支撑。

赵明在工作中遇到了挫折，项目失败，同事的指责此起彼伏。他一度陷入抱怨的旋涡，责怪环境、团队，甚至运气。

某天晚上，赵明独自坐在办公桌前，抱怨声渐渐平息，取而代之的是深深的自省。他开始回顾项目的每个阶段，不再逃避自己的错误和短板。这次，他没有为失败找借口，而是坦诚地面对了自己的不足。

在这个过程中，赵明感受到了前所未有的成长。他不再沉溺于消极的抱怨之中，而是积极寻求改进之道。他制订了详细的学习计划，努力提升自己的专业技能和团队协作能力。

几个月后，赵明再次面对类似的项目挑战。这次，他更加从容和自信。最终，项目成功交付，赵明也赢得了同事的尊重和认可。

这段经历让赵明深刻体会到，抱怨不能解决问题，唯有摆脱消极情绪，进行自我复盘，才能真正成长起来。

复盘新旅程：摒弃抱怨，拥抱成长

如果想踏上新的旅程，第一步就要摒弃抱怨，拥抱成长。抱怨是一种消极的情绪释放，它只会让我们停留在问题的表面，而无法深入探索解决问题

的方法。然而，复盘是一个寻求成长和进步的过程，它要求我们以积极的心态去审视自己的错误，改正错误，最终战胜错误。

复盘智慧：心向内看，发掘自我

复盘不仅仅是回顾过去，更是自我发现和成长的过程。复盘的时候，心要向内看，这意味着我们需要审视自己制定决策、情绪反应和行动背后的动机。我们需要诚实地面对自己的优点和不足，不回避自己的错误和失败。只有这样，我们才能真正了解自己的盲点和局限，进而找到改进的方向。

复盘中的自我审视：拒绝借口，真实面对

找借口是一种逃避责任的行为，它阻碍了我们深入分析问题和寻找解决方案。借口让我们停留在舒适区，不愿面对自己的不足和错误，从而限制了我们的成长和进步。在复盘时，我们要勇敢地拒绝借口，真实面对自己的问题和不足；我们要敢于承认错误，坦诚地分析问题的原因，并思考如何改进和优化。

小王是一个项目组的成员，最近项目出现了问题，需要进行复盘。在复盘会议上，当被问及项目失败的原因时，小王开始寻找各种借口，试图推卸责任。

他说："客户需求变更太频繁，我们根本来不及反应。"又说，"团队其他成员不积极配合，导致进度延误。"然而，项目经理并没有被他的借口所蒙蔽，而是严肃地告诉他："找借口不能解决问题，我们需要反省自己的问题和不足。"

小王被项目经理的话触动，他开始深入思考项目失败的原因。他发现自己在实施项目的过程中确实存在疏忽和不足，没有充分考虑到客户需求变更的影响，也没有积极与其他成员沟通协作。

于是，小王决定勇敢地承认错误，坦诚地分析问题的原因，并思考如何改进和优化。他开始主动与其他成员交流，了解他们的想法和建议，共同商讨解决方案。最终，小王和团队一起找到了问题的根源，并成功解决了问题。

这次经历让小王深刻认识到，找借口是在逃避责任，面对问题才能促进成长和进步。

复盘中的自我觉醒：深度自省，开启智慧之门

复盘，作为个人和团队成长的关键环节，需要我们勇敢地面对自我，进行深入的自省。这一过程不仅是对过往经验的重新审视，更是对内心世界的探索与洞察。在这个过程中，切忌自欺欺人，一定要真实地审视自己在决策、行动和沟通中的表现。这种深度的自省，能够帮助我们更加清晰地认识自我，发现潜在的盲点，抓住成长的机会。

复盘的艺术：以全局观审视，超越个人视野

复盘不仅仅是回顾和分析过去的事件，更是一种思维的艺术，需要我们

从全局的视角来审视，超越个人的视野和认知。当我们局限于个人的经验和情感时，复盘可能会变得片面和狭隘，无法看到问题的全貌和问题背后深层次的原因。因此，我们需要跳出个体的框架，站在一个更高的层次，用全局的视角去审视整个事件的发展过程。

复盘的关键：积极的自我觉醒

复盘不仅仅是回顾过去、总结经验，更是一个深度认识自我、唤醒潜能的过程。在这一环节中，积极的自我觉醒显得尤为重要。它要求我们摒弃固有的思维定式，以全新的视角审视自己在决策、执行和沟通中的表现。这种自我觉醒不仅能够帮助我们找到问题的根源，还能激发我们内在的动力和潜能，推动个人和团队向更高的目标迈进。

复盘中的自我觉醒：具体可行的方式

在复盘过程中实现自我觉醒，一种可行的方式是通过持续的自我反思与实际行动相结合。首先，定期回顾自己的决策和行动，诚实地评估效果和影响，不回避自身的问题和错误。其次，主动寻求他人的反馈和建议，以更全面的视角审视自己的表现。最后，根据反思结果制订具体的改进措施，并将其付诸实践。通过这样的循环往复，我们不仅能够更清晰地认识自己，还能在实践中不断完善自我认知，不断自我成长。

抱着成长心态，不自欺且虚心

在复盘的过程中，我们要保持平和且坦诚的心态，既不过分自责也不盲目自满。我们要勇于面对自己的不足和错误，深入剖析问题的根源，并以此为契机激发内在的动力和潜能。

复盘，作为自我提升的关键环节，常常受到自欺的阻碍。自欺表现为对错误的轻描淡写、对不足的忽视，甚至自我欺骗，严重阻碍了我们的成长和进步。

复盘时自欺的原因往往源于我们内心深处对于自我形象的维护，害怕面对自己的不足和错误，以及对于改变的恐惧。这种自欺行为阻碍了我们对自己真实情况的了解，断送了自我成长的机会。

孙飞是一名销售人员，最近他的销售业绩却不尽如人意。为了找到问题所在，他决定进行一次复盘。

在复盘的过程中，孙飞起初有些自责，觉得是自己做得不够好。但他很快意识到，自责并不能解决问题。于是，他调整心态，以平和且坦诚的心态面对自己的不足和错误。

通过深入剖析，孙飞发现自己在销售过程中存在一些技巧和沟通上的不足。他没有盲目地全盘否定自己，而是制订相应的计划，逐步提升自己的不足之处。

然而，孙飞的同事王明对复盘持有不同的态度。他总是轻描淡写地对待自己的错误，甚至忽视自己的不足，自我欺骗。结果，他的销售业绩一直没有起色。

看到王明的状态，孙飞更加坚定了自己的信念：复盘是自我提升的关键环节，只有勇于面对自己的不足和错误，才能找到问题的根源，激发内在的动力和潜能。他决定以后要坚持复盘，不断提升自己的销售能力。

复盘：自我成长的契机，而非自我价值的损耗

复盘并不是对自我价值的彻底否定，而是开启自我觉察和成长的新篇章。这一过程的核心在于我们如何看待和评估自己的行为与决策，并发现其

中潜在的不足和错误。这种自我反思并不是对自我价值的否定，而是一种积极的心态调整，它使我们有机会重新评估自己，找到改进的方向。

真正的尊严：在复盘的勇气中重塑

真正的尊严，不是简单地维护表面的荣耀，而是在深入复盘时，敢于面对自己的失误与不足。这种勇气，让我们能够真实、客观地看待自己，不被虚幻的自尊所迷惑。通过复盘，我们能从错误中吸取教训，从失败中汲取智慧，让自己的内心更加强大。让我们勇敢地踏上复盘之路，真实地审视过去的每一个决策和行动。在这个过程中，我们将重塑更加坚韧、更加真实的自我，赢得尊重和荣耀。

本杰明·富兰克林是美国历史上的传奇人物，他不仅是政治家、作家，还是科学家和发明家。富兰克林的成功，很大程度上得益于他独特的复盘方法。

在年轻时，富兰克林对自己的言行和举止并不满意。为了改变这一点，他决定用一种特殊的方法来提高自己。他选择了几位他认为非常优秀的人作榜样，并列出他们身上的优点，如谦逊、勤奋、诚实等。然后，他每天都会对照这份清单，反思自己在这些方面做得如何，哪些地方还需要改进。

这其实就是一种复盘。富兰克林通过不断回顾自己的行为和思想，找出自己的不足，然后努力改进。这种方法不仅使他在个人修养上取得了巨大的进步，也为他后来在政治和科学领域的成功打下了坚实的基础。

复盘：以诚实之心，审视自我

复盘的核心在于诚实，这是一种对真相的追求，一种对成长负责任的态度。复盘时，我们要以一颗诚实的心深入剖析自己的行为、决策和结果，不回避问题，不掩盖真相。诚实的复盘不仅仅是对错误的承认，更是对自己的尊重。我们要勇敢地面对自己的不足和错误，用真实的数据和事实还原事情的真相，这样我们才能真正发现问题的本质，找到解决问题的最佳路径。

禀赋效应与复盘：自我成长的双重路径

禀赋效应，是指一旦我们拥有某样东西或做出某个决策，往往会对其产生过高的价值评估，从而难以割舍。通过复盘，我们能够更加清晰地认识到自己在决策和行动中的盲点和局限，从而找到改进的方向。同时，我们也能够更加客观地评估自己的决策和行为，避免因为禀赋效应而陷入固执和偏见。

复盘时的积极心态：尊重与成长

在进行复盘时，我们应当避免对复盘对象持否定态度。复盘是一个自我学习和成长的过程，而非批评和指责的清算现场。我们应抱着尊重和理解的心态来审视过去的决策和行动，承认其中存在的挑战和困难。通过深入反思，我们可以发现自己的不足和潜力，并从中汲取智慧。重要的是，保持积极的心态，将复盘视为一个成长的机会，而非被指责的过程。

复盘的核心：自我超越，而非竞争

复盘，作为一种深度反思和自我提升的手段，不应被看作是一场与他人竞争的比赛。在复盘的过程中，我们可能会被批评和指责，但这些都是我们认识不足的机会。重要的是，我们要将关注点放在自身的成长上，而不是过分地关注他人的表现。复盘不是为了证明我们比别人更优秀、更成功，而是为了让我们更好地理解自己，找到提升的方向。

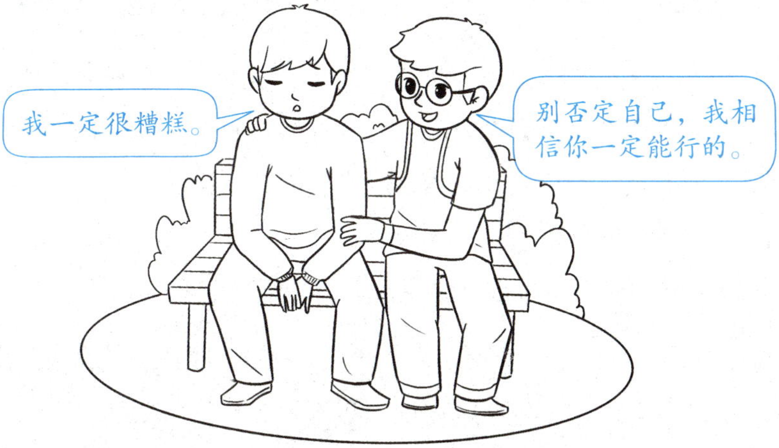

将问题视作契机，勇敢向前

在复盘的过程中，我们往往习惯于关注那些显而易见的问题和解决方案。然而，有时候，那些我们认为“不可能”的事情，恰恰可能是解决问题的关键。

在复盘时，我们需要保持开放的心态，不要被“不可能”的思维束缚。复盘要求我们深入挖掘问题的本质，思考各种可能性。当我们遇到难题时，很容易陷入固定的思维模式，认为某些方法或途径是行不通的，从而忽略了那些看似不可能但实际上能完美解决问题的方法或途径。要敢于挑战自己的认知和假设，探索那些看似不可能却有可能带来突破的解决方案。

复盘是一个深度反思和学习的过程，它使我们有机会从过去的经历中汲取教训，从而找到成长的方向。在这个过程中，我们往往会发现，一些曾经被认为是危机的时刻，实际上隐藏着巨大的契机。

托马斯·阿尔瓦·爱迪生，被誉为“世界发明大王”，他的一生充

满了创新和突破。然而，这位伟大的发明家并非总是顺风顺水，他成功的背后隐藏着无数次失败和复盘。

在研发电灯泡的过程中，爱迪生面临着巨大的挑战。他用上千种不同的材料做灯丝，但每次都以失败告终。然而，爱迪生并没有因此气馁，他坚信每次失败都是通向成功的必经之路。

在每次实验失败后，爱迪生都会仔细复盘整个过程。他会详细记录使用的材料、实验的条件以及失败的原因。然后，他会认真分析这些数据，寻找失败的根源，并思考如何改进。这种复盘的方法帮助他不断优化实验方案，最终成功地发明了电灯泡。

爱迪生的故事告诉我们，复盘是成功的关键环节。通过复盘，我们可以从失败中汲取教训，找出问题的根源，并找到解决问题的方法。只要我们像爱迪生那样，勇于面对失败，善于复盘和总结，就一定能够克服困难，取得成功。

复盘：危机中隐藏着契机

当我们面临危机时，很容易陷入恐慌和焦虑。然而，正是这些危机，让我们有机会重新审视自己的决策和行动，发现潜在的问题和不足。通过深入

复盘，我们可以从危机中汲取教训，找到改进的方向，进而将危机转化为契机。经过复盘我们会发现，危机不是终点，而是新的开始。危机为我们提供了重新审视自己的机会，让我们有机会重新规划路径，以便更好地成长。

在复盘中认知重生：失败的新视角

复盘为我们提供了一个重新审视失败的机会，让我们能够从中获得新的认知。在复盘的过程中，失败不再是终点，而是我们成长的起点。通过深入剖析失败的原因和过程，我们能够更加清晰地认识自己的盲点和不足，进而找到改进的方向和策略。

复盘：摆脱抱怨，聚焦成长

复盘是一个自我反思和成长的过程，而不是一个抱怨和指责的机会。在复盘时，我们应该停止抱怨，将注意力集中在如何改进和成长上。抱怨只会让我们陷入负面情绪中，阻碍我们进步。相反，我们应该以积极的心态面对复盘，从中发现自身的不足和潜力，并思考如何改进和提升。停止抱怨，我们就能够更加专注地寻找解决问题的策略和方法，为自己的成长创造更多的可能性。

复盘：信息的再收集与深度挖掘

复盘不仅仅是对过去事件的回顾，更是一个信息再收集的过程。在这个过程中，我们会重新审视已有的信息和数据，从中发现可能遗漏或未被充分理解的细节。这些信息可能隐藏在沟通记录、决策依据、执行反馈中，需要我们在复盘时逐一梳理和挖掘。通过信息再收集，我们能够更加全面地了解事件的来龙去脉，进而发现潜在的问题和改进的空间。

重视0.1，一个差一点儿的结果也比没有结果强

复盘的过程通常不会一帆风顺，它充满了挑战与反思。在这个过程中，我们可能会遭遇各种困难和阻碍，甚至有时会对自己的决策和行动产生怀疑。然而，正是这些曲折和困难，使得复盘变得更有价值。

复盘之路虽然曲折，但每一步都会让我们有所收获。通过不断地反思和改进，我们能够持续提升自己的能力和智慧，为未来的成功打下坚实的基础。因此，让我们勇敢地面对复盘中的挑战和困难，以积极的心态去迎接每一个成长的机会。

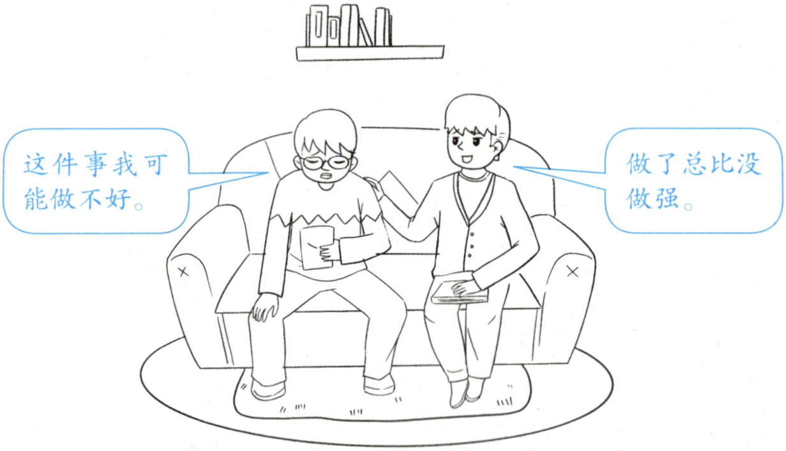

在复盘的过程中，设定小目标是一种非常有效的策略。通过设定明确、可衡量的小目标，我们可以将复盘的大任务分解为一系列可操作的步骤，从而使整个过程更加清晰和可控。

季度末，某公司经理决定带领团队进行项目复盘，以分析成功和失

败的原因。他知道，面对一堆繁杂的数据和反馈，如果没有一个清晰的思路，复盘可能会变得杂乱无序。

于是，经理决定采用设定小目标的方法。他和团队成员一起，将复盘的大任务分解为几个具体的小目标，如整理项目数据、分析市场反馈、评估团队表现等。每个小目标都明确、可衡量，这使得团队成员能够迅速理解并投入行动。

随着每个小目标的完成，整个复盘过程逐渐变得清晰和可控。团队成员的积极性被激发出来，开始主动思考和解决问题。最终，复盘顺利完成，团队成员们不仅总结了经验教训，还明确了未来的发展方向。

这次成功的复盘让大家意识到，通过明确的目标和步骤，可以将复杂的任务变得简单可行，从而带领整个团队走向成功。

复盘中的务实态度：避免盲目追求完美

复盘时，我们都希望能够达预期的效果，但这种盲目追求完美的心态往往是不可取的。复盘的本质是为了学习和成长，而不是为了给自己打分或评价。因此，我们应该以务实的态度来面对复盘，承认并接受自己的不足和错误。盲目追求完美可能会导致我们忽视真正需要改进的地方，或者在一些细节上过分纠结，而忽略了整体的进展和成果。

重视身边的资源，开阔自己的视野

在复盘的过程中，我们往往容易陷入自我反思和内部分析的旋涡，而忽视了身边的宝贵资源。这些资源可能包括团队成员的建议、集体的智慧、外部人员的意见，甚至是竞争对手的经验。

在复盘的过程中，我们应该学会倾听身边的声音，主动向他人请教。通过充分挖掘和利用身边的资源，我们能够更加精准地找到问题，更加迅速地找到改进的方向，进而制订更加切实可行的行动计划。不要忽视身边的资源，它们或许正是我们整个复盘活动的终极目标，能助我们一臂之力，使我们走得更远。

在复盘过程中，我们需要敏锐地察觉并充分利用那些隐藏在表面之下的资源和机会。这些潜在的资源可能包括未被充分利用的团队成员的特长、潜在的市场机会、创新的解决方案，或者是之前未被注意到的数据和信息。通过深入剖析和重新组合，我们可以将这些潜在的资源转化为实际的竞争优势和新的成长动力。

在公司的年度项目复盘会上，小张发现自己负责的部门在某些关键指标上表现不佳。他深知单凭自己的力量难以找到问题的根源，于是决定倾听身边的声音。

他主动向其他部门的同事请教，与他们探讨可能存在的问题。他发现，其他部门在某些方面有着丰富的经验，见解也很独到，而这些正是他所欠缺的。通过充分挖掘和利用身边的资源，小张逐渐找到了问题的症结所在。

在团队的共同努力下，他们迅速制订了一份切实可行的行动计划。这个计划不仅解决了当前的问题，还为未来的工作指明了方向。最终，小张的部门在下一季度取得了显著的进步。

这次经历让小张深刻地体会到，身边的资源是一座宝藏。只有学会倾听他人的声音，才能更好地识别问题，找到改进的方向，并走得更远。

在复盘中挖掘身边人的闪光点：共同成长的契机

在复盘的过程中，挖掘身边人的闪光点是一项极其有价值的能力，不仅能提升我们对他人的理解和尊重，还能成为推动个人和团队共同成长的重要契机。在我们身边，每个人都有独特的才能、优点和潜力。通过复盘，我们能够更加细致地观察他们的工作表现、思维方式、解决问题的方式，并从中

找出他们身上的闪光点。

复盘中的智慧：求助领导

在复盘的过程中，一个被忽视却至关重要的环节是向领导求助。领导往往具备丰富的经验和敏锐的洞察力，他们的建议和指导能够为我们的复盘提供新的视角和思路。当我们在复盘的过程中遇到难题或困惑时，不要害怕向领导寻求帮助。领导的经验和智慧可以为我们指明方向，帮助我们找到解决问题的方法。

复盘中的角度转换：多维度审视问题

在复盘的过程中，擅于转换角度是一种非常有价值的能力。通过用不同的视角审视问题，我们能够发现更多的细节和潜在的问题，并找到更加全面和有效的解决方案。通过不断地转换角度，我们能够更加全面地审视问题，发现更多的解决方案和改进空间。这种能力不仅有助于提升我们的复盘效果，还能够帮助我们在未来的工作中更加灵活和全面地应对各种挑战和问题。

实际上，古代也有许多关于复盘的例子，其中最为著名的是王粲。

王粲是东汉末年的文学家，“建安七子”之一，同时也是围棋的狂热爱好者。

据《三国志·魏书·王粲传》记载，王粲在围观别人下棋时，棋盘忽然被搞乱了。出于好心，王粲凭着记忆把棋局重新复原，令对弈者非常惊讶。对弈者为了验证王粲的能力，用布盖住棋盘，让他在另一块棋盘上摆出刚刚对弈的棋局，王粲真的摆了出来。这种能力在古代被称为“复盘”，即重新演绎棋局的过程，这需要极强的记忆力和对棋局的深刻理解。

王粲的复盘能力在当时被誉为“弈中神人”，成为围棋复盘历史上的一个里程碑。这个故事也说明了复盘的重要性，不仅能够帮助棋手加深对棋局的理解，还能找出自己的不足，从而提高棋艺。

复盘时要有危机意识：居安思危，预见未来

在复盘的过程中，培养危机意识是至关重要的。危机意识能使我们看到成功的背后潜在的风险，从而在问题产生之前进行预防，避免陷入不必要的困境。在复盘时，不仅要关注已经取得的成就，更要深入剖析背后的原因和可能存在的问题。这种居安思危的态度能帮助我们及时发现潜在的风险，从而提前做好应对准备。

复盘不分大小，掌握正确复盘的工具

发生过的事情都可以拿来复盘，大事小事皆可。小事要第一时间复盘，大事在做的过程中，就要不定期复盘，等到事情结束以后，还要整体进行复盘。

小事要第一时间复盘

像一次活动、一次促销这样的小事，一定要第一时间复盘，效果才是最好的。

大事的复盘方式

大事是指那些备受关注、持续时间比较长且非常重要的项目。这样的事情在进行的过程中，要不定期复盘，且要瞄准目标。我们可以对项目进行过程中的标志性事件进行复盘，也可以划分不同的时间周期进行复盘。

及时完成后的整体复盘

当整个事情都结束以后，应进行整体复盘，总结经验和教训，进而指导下一个项目，这时领导要发挥监督作用，保证员工及时复盘。

清朝时期，一次，围棋名家范西屏与程兰如对弈，最终程兰如以微弱的优势取胜。然而，范西屏并未就此罢手。等到他再次得到机会与程兰如交锋时，他连赢两局，震惊了众人。原来，范西屏不仅擅长下棋，更精于复盘。他擅长分析棋局，挖掘自身与对手的每一处细微差距，以此制定后续的策略。

这个故事不仅彰显了范西屏的高超棋艺与智慧，更凸显了复盘的重要性。复盘使范西屏能够深入剖析棋局，发现自身的不足与对手的破绽，为未来对弈取胜奠定基础。范西屏的复盘之道，不仅是他个人的传奇，也为围棋爱好者提供了宝贵的经验。

通过复盘，了解自我

复盘是我们向内探求、了解自我的一种重要方式。在前行的道路上，我们不能只顾着赶路，还要停下来进行复盘，及时总结来时路上的成功与失败，进而避免下一次再犯同样的错误。

项目复盘画布

项目复盘画布是复盘常用的三大工具之一，主要用来复盘重大事情。很多人疑惑，总结和项目复盘到底有什么不同？总结往往流于形式，而项目复盘画布则能突破固有的思维方式，用结构化思维和工具来启迪个人和团队，让他们发展得更好。

鱼缸会议

鱼缸会议就是按照程序进行批评和自我批评的方式，在进行的过程中，要注意这样四个原则：一是打造正向的、彼此信任的氛围；二是反馈要真实，不可空洞无物；三是先讲事实，再评价；四是明确鱼缸会议的目的是进步，而不是批斗某个人。

在一个阳光明媚的午后，公司的创新团队决定采用一种新颖的方式来讨论新产品的开发方向——鱼缸会议。

大家围坐在会议室的大圆桌旁，如同观赏鱼缸里的鱼儿一般，每个人都能够清晰地看到彼此的表情和动作。团队的负责人首先抛出了新产品的初步设想，然后鼓励大家畅所欲言。

在鱼缸会议的轻松氛围中，每个人都积极发言，分享自己的想法和见解。当有人提出一个有趣的点子时，其他人会立刻给予反馈和补充，就像鱼儿在水中自由地游动一样，大家的思维也在相互碰撞中激发出新的火花。

经过一番热烈的讨论，团队不仅完善了新产品的设计方案，还增进了彼此之间的了解和信任。这次鱼缸会议，就像一次愉快的海底探险，让团队成员在轻松愉快的氛围中收获了宝贵的创意和灵感。

U型画布

U型画布这种复盘工具，可以帮助团队采用层层剥离的方式，复盘重大事件。团队成员可以在重要节点上自问自答，或者回答教练的提问进行复盘，反复摸索，进而灵光一现，找到关键问题。据此，人们可以跳出固定的思维模式，产生新思路、新方法，进而在未来采取更有效的行动。

复盘的原则与关键

复盘的关键在于具备与之相对应的信念，对有效和无效有明确的概念。假如没有相应的信念，最后只会竹篮打水一场空。

用好复盘工具有这样两个前提，一是自身做好榜样，二是对个体之间的差异要有清醒的认知，并予以充分的尊重。复盘可以帮助我们筛选出学习能力更强的人。

企业梦寐以求的人才，往往是那些拥有和复盘相匹配的心智模式的人。

反躬自身，持续成长

一件事情失败了，首先要反躬自身，不能把责任归咎于客观环境和他人。只有这样，你才能成长。客观环境往往难以随我们的意志发生变化，这时我们就需要向内求，通过改变自己，适应环境，进而在更大程度上掌握自己的命运。

在古代，复盘的概念虽然不像现代那样明确，但类似的想法在实际生活中屡见不鲜。

一次，王积薪与好友出游，偶遇一位老妪在下棋。他见老妪棋路独特，心生敬意，几番对弈后竟败下阵来。于是，他心中不服，决定晚上再与老妪切磋。

夜晚，王积薪来到茅屋，只见屋内灯火辉煌，老妪正与一位仙人对弈。他默默记下每一着棋，待仙人离去后，向老妪请教。老妪微笑不语，只说："棋如人生，不在胜负。"

回家后，王积薪反复复盘，思考老妪的话。他逐渐领悟，下棋不仅是技术，更是心境和认知的较量。通过复盘，他不断总结经验，棋艺大进，终成一代棋圣。

这个故事虽是神话，却告诉我们，复盘不仅是技术的提升，更是心灵的磨砺。它让我们从失败中吸取教训，于经验中成长，为未来铺就更宽广的道路。

复盘的核心信念

复盘的核心信念之一是"实事求是"，即还原事情本身，另一个核心信

念是“开放心态”，即让自己变得开放，对不同的意见都能兼收并蓄，可以和外界实时互动、互通信息。

实事求是是复盘的基础

只有在尊重事实的基础上，复盘才是有意义的，否则就会流于形式，不仅毫无益处，还会漏洞百出。复盘首先要做的就是还原事情的整个经过，然后将现状和预期进行对比，找出真实存在的问题，之后分析出其中的因果关系，最后结构化归纳和总结，指导接下来的行动。

坦诚沟通

团队成员在一起复盘时，应尽可能有话直说，越坦诚越好。有的人担心话说得太直，会引起听话人的反感，于是选择闭口不言。而有的人过于注重有话好好说，即便对方错得再离谱，上来也是先表扬一番，然后再提出不同的观点，还要反复强调“这只是一家之言，说的不对请见谅”。这种以和为先的复盘方式难以让复盘真正有效果。

在一个创业公司的项目复盘会议上，团队成员小张和小李表现出截然不同的态度。小张总是直截了当地指出问题，即使这样会让一些人感到不舒服。而小李则总是措辞委婉，甚至在指出问题前要先表扬对方一番，生怕得罪人。

项目负责人发现，沟通方式不同，项目复盘的效果也截然不同。小张的直言不讳虽然让会议氛围有些紧张，却能迅速找到问题的核心，推动团队迅速调整。小李的方式虽然让大家觉得舒服，但往往忽视了重要问题，复盘效果大打折扣。

最终，项目负责人鼓励团队成员在复盘时坦诚交流，直面问题。他解释说："复盘的目的就是找到问题并改进问题，有话直说才能更好地达到这个目的。只要我们保持尊重和理解，直言不讳并不会伤害团队成员之间的关系。"

集中复盘要避免的两大误区

俗话说："众人拾柴火焰高。"众人集中复盘就是听取大家的意见，撷取大家的智慧，从而找到真正的问题。这时切忌出现这样两种想法：一是我是对的，大家都要听我的意见，尤其是管理者、专家，最容易有这样的想

法；二是妄自菲薄，说我的观点还有待商榷，尤其是身份地位不高的人，会产生这样的想法。

复盘和总结之间的关系

复盘和总结之间不能画等号，复盘中包括总结，复盘的内涵要比总结丰富得多。总结梳理的是整件事情，针对的是过去发生的事情，聚焦于一些标志性事件和重要节点。而复盘是重新审视一遍已经发生过的事情，所探究的不仅是过去发生的事情，还包括将来有可能发生的事情，以及与之相关的其他行为。

复盘和总结之间最大的不同点就在于，复盘包括推演这一关键行为，能帮助我们找到成功和失败的原因所在，以及如何取得成功、扭转失败。复盘还有助于剔除错误的观点和方法，找到更行之有效的做法。

复盘和沙盘的区别

复盘相当于事后推演，其得出的结论不像沙盘，大概率只存在于想象中，并没有付诸实践。复盘由于已经有实践经验作为基础，所得出的结论更有助于问题的解决。如果一个人对复盘特别熟悉，那么他对自己的工作会更加得心应手，可以透过现象看本质，找到解决问题的最佳路径。

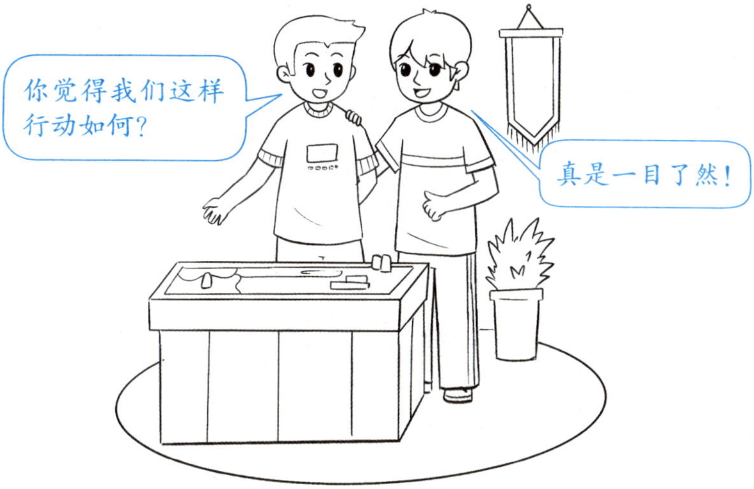

复盘的方法与步骤

我们在剖析问题时，一定要立足于真实的过去。如果这个过去是被篡改过的，或者是被扭曲的，那么将严重影响复盘的效果。

情境重现法是复盘最好的方法，它用镜头回放的方式，重新排演一遍经历过的事情，它可以确保信息的完整性，也可重现当事者的所思所想，让复盘的人对当事者的行为有更好的了解。

情境重现的重点是要将当时的信息场（流）、思维场（流）和情绪场（流）再次显现出来，这样才能更好地解释当时的行为。

在一个炎热的夏日，一家软件开发公司的项目团队正在进行一次重要的项目复盘会议。团队负责人决定采用情境重现法来复盘他们最近完成的项目。

团队成员们围坐在会议室里，负责人开始用镜头回放的方式，重现项目的整个过程。从项目启动、需求分析、设计、开发、测试到最后的上线，每一个阶段都被详细地记录下来。

随着镜头的回放，团队成员们仿佛又回到了当时的情景，重新体验了每一个决策背后的思考过程。同时，他们看到了自己在项目中的成长和改变，也看到了团队成员之间的协作和沟通。

复盘结束后，团队成员纷纷表示，通过情境重现法，他们不仅更加深入地了解了项目的全貌，还对自己的行为和决策有了更清晰的认识。

一个完整的复盘不能只关注行为

情境中涵盖信息场、思维场和情绪场，这三者结合在一起，形成“能量场”，即“气场”。它在每个团队成员的心灵深处，对人们的行为起到了决定性作用。只关注行为的复盘是片面的，对成长是无益的，只能称之为“总结”。

复盘情绪场有妙招

复盘难度最大的是情绪场。因为情绪难以捉摸，又难以察觉，只能通过行为来逆向推演。而有的人擅长隐藏自己的情绪，导致复盘情绪的难度更大。可是，现在有一种微反应技术，可以捕捉到一个人不自觉的微反应，进而解读对方的情绪。

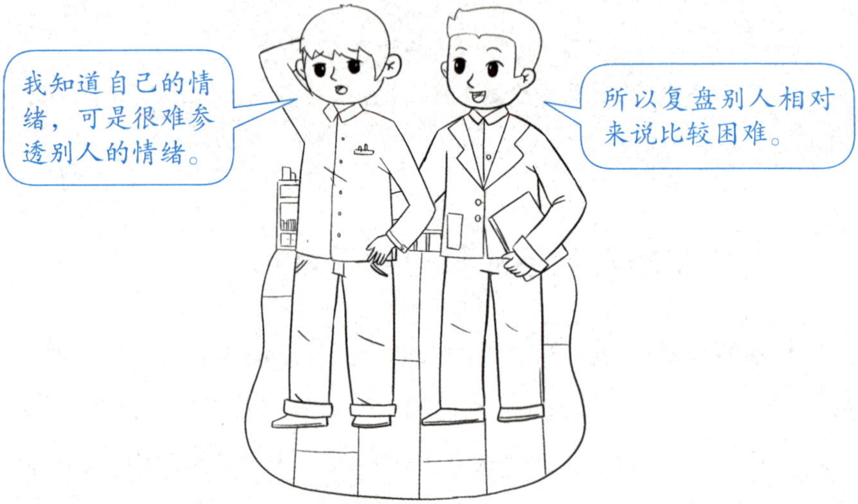

情境重现的最佳方式

情境重现要遵照相应的步骤进行，即直接叙述，将其中的信息场、思维场和情绪场，按照事件发展的先后顺序，像流水账一样挨个儿叙述。虽然听上去有些枯燥，却可以确保信息的完整性和真实性。我们不能因为追求叙述方式的趣味性，而不顾信息的有效性，进而背离复盘的初衷。

在一家大型企业的季度复盘会议上，项目经理小王决定采用情境重现法来回顾上一个项目的执行情况。他深知，这种方法虽然听起来有些烦琐，但对于确保信息的完整性和真实性至关重要。

小王按照事件发展的先后顺序，逐一叙述了项目从启动到完成的每一个阶段。他详细描述了项目团队在项目执行过程中遇到的各种问题、问题的解决方法、解决问题背后的思考过程以及团队成员的情绪变化。虽然这种叙述方式听起来有些枯燥，但所有参与复盘的人都听得津津有味。

复盘结束后，大家发现通过情境重现法，可以更加深入地了解项目的全貌，也对自己的行为和决策有了更清晰的认识。这种方法虽然枯燥，但非常有效，有助于团队在未来的项目中更好地应对类似的问题。

关键点法则的分类

关键点法则分为正向关键点法则和逆向关键点法则。正向关键点法则是指以事情发展的先后顺序或内容为依据，找到其中的重要节点，之后以重要节点为中心展开复盘的方法。而逆向关键点法则是指以过往的经验为依据，先找出事件成功的因素，之后以这些因素为中心进行复盘。

回顾目标是复盘的第一步

目标可以用来评判一件事情有没有达到预期，通过对比结果和预期，知道这件事情有没有做成。展示目标是回顾目标特别好的技巧，将其写在显眼的地方，在复盘时，可以时时提醒自己，有没有偏离目标，进而保证复盘的效果。

评估结果是复盘的第二步

目标回顾结束以后，就要对比结果和目标，找出其中的差距。这时也许会有五种情况出现：一是结果和目标相吻合，二是结果远超过了目标，三是结果不及目标，四是结果中出现了原本没有的新项目，五是结果中没有出现原本应该有的项目。

叙述过程是复盘的第三步

这一步是让我们更清晰地了解整件事情。这时必须要做到四个字：真实客观。要真实再现事情发展的整个过程，不美化、不选择，而且不能漏掉任何一方的信息，要保证细节的完整性。否则，只会得到错误的结论。

自我剖析是复盘的第四步

自我剖析，即深刻地反思自己曾做过的事情，看看有什么值得表扬的，有什么值得改进的，并总结出规律。如果能做到客观地自我剖析，将是自我成长的重要一步。自我剖析时，根据对比结果深入思考，找到自己进步的空间。它不仅是剖析事情的整个过程，也是审视自我，向内探求的一种重要方式。

推演规律是复盘的第五步

这一步是复盘最核心的步骤之一，以上所有的步骤都是为了这一步作铺垫。总结出的规律可对我们今后的工作起到指导性作用，让我们更容易成功。总结出的规律不仅要对某个案例有效，更要对这一类问题都有效才行，这样的规律才能运用在今后的工作和生活中。

归档是复盘的第六步

当一个结论被案例证实了以后，可信度就大大提高了，这时，就可以被推广出去了。接下来，就需要对复盘的过程和结论进行归档，方便后期查询。这是一种重要的知识管理方式，可将复盘的智慧尽可能保留下来，同时还能保留最为真实的信息，这样即便是没有参与复盘的人，也可以了解复盘得出的结论，有助于今后的学习和生活。

复盘结论的评判

有人可能会问，复盘得出的结论到底是不是真的，有没有可能是不对的？只有确定了这一点，才知道复盘要在哪里停下来，复盘要不要多来几次。

好的复盘不仅要回头去看，还要看看所学的知识怎么和自己的工作衔接起来，怎么落实到实践中，进而提高自己的工作效率，巩固工作成果。还要通过对比，找到自己的优缺点，扬长避短。

只有通过实践检验的复盘结论，才是正确的、有价值的，才能对我们的工作和生活起到指导作用。

复盘时要做到反观和反思

在复盘时，我们首先要学会反观自身，站在上帝的视角审视自己，找到在这件事中自己的价值和责任，这样复盘才能往下进行。此外，我们还要学会反思，从结果去倒推过程，看看我们当初的行为，以及这些行为背后所隐藏的动机。

在一个小镇上，有一位铁匠钱师傅。他手艺高超，深受镇上居民的喜爱。然而，一天，他打造的一把剑在测试中断裂了，这让钱师傅深感沮丧。

为了找出问题所在，钱师傅决定进行复盘。他首先反观自身，站在一个更高的角度审视自己的技艺。他思考自己在打造这把剑的过程中是否有疏忽，是否有什么地方可以改进。

接着，他开始反思。他从剑的断裂处开始，逆向推理整个制作过程。他回忆自己当初选择材料、设计剑身、掌握火候等每一个细节。在反思的过程中，他发现自己在锻造时过于急躁，没有控制好火候，导致剑身内应力过大，最终断裂。

通过复盘，钱师傅找到了问题的根源，并决定下次制作时要更加细致和耐心。他的技艺因此得到了提升，并赢得了更多人的赞誉。

反省是更高一级的复盘

反省是更高一级的复盘。反观、反思出来的问题，只有通过反省，才能被解决，思考问题的那套程式才有可能发生改变。反省是从“道”的角度去

查看自己的初心。唯有通过反省，我们才有可能驱除内心的杂念，发挥我们的能量，不断提升自己。

复盘的结论不能立足于偶然因素

复盘结论的可靠性，取决于复盘结论是不是立足于偶然因素。复盘的目的在于总结出普遍的规律，如果复盘的结论是以偶然因素为基础建立起来的，那么它必定是经不起推敲的。只有逻辑性较强的复盘，才是值得相信的。

复盘的结论要指向事

复盘的结论如果指向的是人，那么说明复盘还有很大的欠缺，因为复盘得出的结论是具有规律性的，而人则是千差万别的。指向事的复盘结论，才更有可能通过复盘找到规律性。这里的事不单单指某件事，而是指除人以外的所有事物。

复盘的结论要经过交叉验证

法官在判案时，会以证据链作为依据，这样才能有效防范作假，得出的结论才能更接近事实真相，孤证是不能作数的。在复盘时，如果用其他事件进行交叉验证，那么得出的结论会更加有效，也可以保证复盘得出的结论不只是在特殊情况下才有用。

古代，有一位著名的军事家孙膑，他以过人的智谋而闻名于世。据传，孙膑在作战时常常运用复盘的方法来制定战略。他会仔细分析敌我双方的力量对比、地形环境、兵力部署等因素，通过反复推演和模拟战斗过程，来寻找最佳的战术和策略。这种复盘式的思考方式使他在战场上屡获奇胜，成为一代军事传奇。

除了孙膑之外，古代的一些智者也会运用复盘的思想来指导实践。比如，孔子在教学生时，常常让他们回顾过去的言行，分析其中的得失和教训，以便在未来更好地应对。这种复盘式的教学方法有助于培养学生的反思能力和智慧。

虽然这些故事并没有直接提及“复盘”这个词，但它们所蕴含的思想和方法与现代的复盘非常相似。它们都强调对过去经验的总结和反思，以及对未来行动的规划和改进。这些古代的智慧和策略对于我们今天进行复盘仍然具有重要的启示意义。

复盘结论的得出要经过多次追问

在得出复盘结论之前，最起码要连续追问三次以上为什么或者为什么不。假如没有达到这个频率，那说明真正的原因还没有被揪出来。人的认知有限，很难一次就得出想要的结论，多追问几次，才能找到真正的问题和答案。

下篇

高手控局

控局就是把握局势、控制节奏，找到最合适的时机来实现目标。一个完整的局会涉及各种博弈与较量，在纷繁复杂的环境中，我们如何才能精准控局，达成目的呢？

控局的本质

控局的应用面其实很广，既可以应用在战场上，也可以应用在现实生活和工作中，还可对特定场景下的局势加以引导，使其发展朝着对自己有利的方向。

控局不仅关系到对内部人员的调控，也关系到对外部环境的熟悉，像对人才的高效使用、各种人际关系的处理和了解对手的情况等。

一个人如何处世，彰显的是他的格局。而一个人独立地生活在这个世界上，社会性是他最重要的属性。

人情即人性

从根本上来说，人情就是人性。它们之间的区别只在于，一个是主动行为，一个是客观行为。

要想抓住人性的本质，就必须了解人情。不管一个人的社会属性是什么，他具有什么样的社会地位，而他是一个人，这是首当其冲的。

城濮之战之前，楚国的实力要远超晋国，而且楚国的盟国众多，晋国是势单力孤的。可是在城濮之战中，晋国先是收到宋国的求援，宋国希望晋国能出兵帮助攻打楚国，可是晋国为了保存自己的实力，选择了攻打曹、卫，以避免远途和楚国交战。在城濮之战中，善于掌控整个局势的晋国又向齐国和秦国求助，采取以退为进的策略，将敌方引入自己的战场，在占据多方面的优势以后，一举打败楚国，晋升为中原霸主。城濮之战的整个作战时间其实只有短短一天，可是两国在这之前所进行的一系列较量才是重点，而精彩也全部停留在这背后的较量中。不得不说，晋国的胜利，并不是胜在其实力强，而是胜在其懂得掌控整个作战形势，让其他各国为自己所用，实现自己的目的。

什么是真正的大人情观

大人情观，不是阿谀奉承的小道，而是多换位思考，多站在他人的角度考虑问题，在合作中寻求共赢。真正的人际高手，不是处处小心，也不是见

利忘义，而是像深海里的鱼，不仅可以自由游弋，还可以和大海相互交融，又像高空中的鹰，不仅可以自由翱翔，还可以和阳光交相辉映。

如何成为控局的高手

历史上那些杰出的人物，无一不是会掌控大局的人，他们经历过千百次的锤炼，练就了一身出其不意的本事。每个“神回复”、每次成功的谈判，背后都凝聚了他们的心血和汗水，以及他们在过去的人生经历中所累积的智慧。

一个合格的领导者必备的能力

一个人要想在事业上取得成功，要想管理好自己的团队，就必须懂得人性，将人性的优势尽可能发挥出来，同时将人性的弱点遏制住，不要让人性的缺点有机会兴风作浪。一个人不管是激励自己，还是和这个世界和谐共处，都要具备这方面的能力。

会掌控局势的人的特点

会掌控局势的人，并不一定在某方面特别优秀，可是他一定擅长整合各种资源，运筹帷幄是他们必备的能力。就像刘备虽然他在文武方面都不是特别优秀，可是他善于用人之长。如果一个人智慧，就将他的智慧派上用场；

如果一个人英勇，就将他的英勇派上用场。

根据史书记载，项羽剑法已达到登峰造极的状态。其他人起义都是带上大部队，而项梁起义只带项羽一人，他一人就可以轻松斩杀一百多名侍卫，一个人就可以震慑一府的官兵。在和秦军的巨鹿之战中，项羽之所以能够一举打败章邯带领的秦军，所凭借的不仅是他强大的个人能力，还有他超高的军事素养和掌控布局的能力。秦强楚弱，如果楚国不能掌控局势，那么楚国只会更弱。所以，项羽采取了向秦军的交通要道发起攻击，将秦军引入对楚军有利的战场，再打秦军个措手不及。这里的地形比较窄，秦军难以发挥人多的优势，楚军不会面临腹背受敌的局面。项羽的这招“制人而不制于人”，让楚军掌握了战场的主动权，并拿下了战争最后的胜利，他也一举成为天下的领军人物。

强者才能真正控局

如果你是弱者，当有强者召唤你进入某个战场时，你没有说不的权利，否则你的下场只会更惨。不管你是否认同，其实你已经身在各个局中，至于你没有掌控局面的权利，则要看你是不是强者。不管你承不承认，强者才是那个真正控局的人。

把想法变行动，让控局不再是空谈

仅仅思考而不付诸行动，对于实现目标毫无益处。思考虽然关键，但唯有将思考转化为实际行动，才能取得实质性的成果，才有可能实现控局。空想只会让宝贵的时间白白流逝，实践才是将梦想变为现实的唯一方法。因此，我们应当坚持思考与实践相结合的原则，勇于迈出第一步，让梦想成为现实。

生活难免起起伏伏，我们应以平和的心态去应对，以平常心去看待得失；不骄不躁，稳步前行，在平凡的生活中发掘美好，于细微之处展现智慧；不断优化自己的生活方式和态度，以更加积极、平和的心态去迎接生活的挑战和机遇。

生活中，压力无处不在。但正是这些压力，塑造了我们坚忍不拔的品质。敢于面对压力，不畏艰难，我们才能在挑战中成长，超越自我。勇于对抗压力，不仅是一种勇气，更是一种智慧。它让我们在逆境中保持冷静，持续进步，最终成就更加辉煌的人生。

晋文公，名重耳，是春秋时期晋国的杰出君主。他夺取王位之路的过程充满了压力与挑战。首先，他面临的是家族内部的纷争。作为晋献公的儿子，他父亲在位时，他便受到忌惮，被迫流亡国外长达十九年。随后，他的弟弟晋惠公继位，对他的追杀更是毫不留情。这种家族内部的矛盾与争斗，给重耳带来了巨大的压力。其次，他还需要应对外部势力的威胁。在流亡期间，他辗转多个国家，不仅生活困苦，还时刻面临着被敌对势力抓捕的风险。然而，正是这种困境，锻炼了他的意志，让他更加坚定了自己的信念。

他历经磨难，但从未放弃当国君的梦想。这种坚定的信念和顽强的毅力最终使他在六十二岁时成功登上晋国国君之位。重耳的故事告诉我们，面对困境和压力，我们需要有坚定的信念和顽强的毅力。即使面临再大的困难，也不能轻易放弃。只有持之以恒地努力，才能最终实现自己的梦想。

转角遇到机遇：换位思考的智慧

在困境之中，我们时常感到无所适从，仿佛被束缚住了双手。然而，如果我们尝试换一个角度去观察和理解问题，或许能发现其中蕴藏的机遇。成

功与失败，并非人生的终点，而是过程中的重要里程碑。当我们放下对结果的过度执着时，潜能便能得以释放。困境之中往往隐藏着转机，关键在于我们是否愿意转变思维，从另一个角度去解决问题。这种换位思考的智慧，能帮助我们找到解决问题的新路径，从而走出困境，迎接更加美好的未来。

人生在世，压力难免，这时保持一颗平常心很重要，这是我们在面对生活的种种挑战时，能够放开手脚、全力以赴的关键。不被外界的纷扰影响，不被个人的得失牵绊，我们才能更加专注于当下，发挥出自己的最佳状态。用平常心去看待成败得失，我们会发现，原来自己可以做得更多、更好。

平常心让我们不被外界的喧嚣左右，让我们能够保持内心的平静与安宁。在这样的状态下，我们能更好地应对生活中的挑战，不被困难吓倒，不被失败击垮，才能更好地控局。

面对生活的压力，我们不应该逃避，而应该勇敢地面对，将其转化为自己前进的动力。只有这样，我们才能不断成长，成为能控局的高手。

欧阳修童年时期，生活非常艰辛。由于父亲早逝，他和母亲相依为命，寄居在亲戚家中，家境贫寒，无力购买书籍。然而，正是这样的生活压力，为欧阳修日后的成功打下了坚实的基础。面对生活的艰辛，欧阳修没有屈服，反而将压力转化为改变现状的动力。他深知只有努力学习，才能摆脱困境。因此，他下定决心，勤奋学习，不断寻求知识的滋养。

为了获得学习的机会，欧阳修每日前往城南李家抄书。他用心地阅读每一本书籍，甚至在书未抄完之前，就已经能背诵其中的内容。无论在哪，只要有空闲时间，他都会利用起来读书。这种刻苦努力的精神，使得他在学业上取得了优异的成绩。最终，欧阳修不仅成功走上了仕途，成为北宋杰出的政治家，还成了文坛的领袖，令世人敬仰。

积极控局：压力下的成长

面对压力，积极主动的态度至关重要。我们要将压力视为成长的催化剂，勇敢迎接挑战。不是等待压力消失，而是主动寻找解决问题的方法，掌握局面。这种积极的心态能激发我们的潜能，帮助我们更好地应对挑战。记住，每一个克服困难的瞬间，我们都在迅速成长。

与领导相处，也要学会控局

领导只是工作中的一个角色，他们并非总是如我们所想的那般高高在上、无所不能。在与领导相处的过程中，我们也要学会控局，实现更好地沟通与合作。

我们要知道，领导也是普通人，有优点，也有不足，过于神化领导，只会增加我们的畏惧心理。学会控局，与其建立真实、平等的工作关系，有助于我们释放潜能，更好地实现职业理想。

学会控局，有效地与上级沟通和合作，是一种重要的职场技能。通过理解上级的期望、主动沟通、展示价值，我们可以建立积极的职场关系，提升工作效率，实现个人与团队共赢。

在中国历史长河中，变革的成败往往取决于与上级的关系。获得核心决策者的支持，意味着变革有了最坚实的后盾。商鞅变法之所以成功，秦孝公的支持功不可没。商鞅深知，没有秦孝公的坚定信念和全力支持，任何变法都难以推行。因此，商鞅不仅精心策划了变法方案，更在赢得秦孝公的信任上下了大功夫。他理解秦孝公的抱负和期望，以此为基础，逐步引导秦孝公成为他变法的坚定支持者。

这告诉我们，要想做好工作，不仅要有能力，更要懂得如何与上级沟通，获得上级的理解和支持。只有这样，工作起来才能如鱼得水，自己才能实现突破和发展。

解读领导思维密码，开启职场胜利之门

想要在职场中脱颖而出，解读领导的思维密码是关键！领导们往往拥有独特的思维方式和决策逻辑，他们擅长从复杂的情境中寻找规律，抓住问题的本质。探索他们的思维路径，不仅能提升我们的工作效率，还能激发个人的潜能，实现职业生涯的飞跃。与领导建立信任关系，是职场成功的关键。这需要真诚、透明和可靠的沟通。通过展现专业能力和诚信态度，我们能逐渐赢得领导的信任。而领导的信任会给我们带来更多的机会、责任和成长。双方共同维护这份信任，就能建立起稳固的职场纽带，共同推动团队向前发展。

在职场中，与领导建立默契关系至关重要，它如同润滑油，使得工作更为流畅和高效。这种默契不是一蹴而就的，而是需要双方共同投入时间和精

力去培养。深入沟通是建立默契的基础，通过有效的沟通，我们可以更好地理解领导的期望和需求，从而更精准地执行任务。

相互尊重与理解是默契关系的核心。尊重领导的决策，理解其背后的考量，这不仅有助于我们更好地工作，还能增强我们的职业素养和团队协作能力。当双方都能够站在对方的角度思考问题时，真正的默契便会油然而生。当这种默契达到一定程度时，合作将变得如鱼得水，彼此之间的配合将变得默契十足。这种默契不仅能提升工作效率，更能激发团队的创造力和凝聚力。

在职场中，我们不应盲目听从领导的话，而是要学会独立思考，保持开放的心态，敢于质疑和挑战，结合实际情况提出自己的见解，这样才能在与领导的互动中不断成长，共同推动团队的进步。但在与领导沟通时，讲究策略是至关重要的。这不仅能帮助我们更有效地传达自己的思想和观点，还能建立更加和谐、高效的工作关系。

赵国新君即位不久，便遭遇了秦国的进攻。为了寻求齐国的帮助，赵国需将赵太后最宠爱的小儿子长安君送往齐国作人质。然而，赵太后坚决反对，对任何人的劝说都表示强烈反感。左师触龙决定亲自出马，他深知太后的脾气，因此并没有直接提及人质之事，而是采取了迂回策略。

他先与赵太后聊起了家常，从养生、饮食到日常琐事，逐渐拉近了与太后的距离。当太后脸色稍缓，触龙才委婉地表达了自己的担忧："太后对长安君的疼爱，天下皆知。但真正的爱，是为他长远打算。燕后出嫁时，您为她祈求平安，这才是真爱。长安君若无所作为，将来如何在赵国立足？"赵太后被触龙的话触动，意识到自己的狭隘与短视。最终，她同意让长安君前往齐国作人质，赵国因此得到了齐国的援助。这个故事充分展示了与领导沟通时讲究策略的重要性，采取适当的沟通方式，我们可以更有效地传达自己的观点，同时也更容易获得领导的理解和支持。

超越盲从：独立思考响应领导

管理并非单向的服从，而是一个双向的过程。它涉及领导与下属之间的互动、合作与沟通。在这个过程中，下属不仅仅是执行者，更是参与者与贡献者。下属需要理解并响应领导的指导，同时也要勇于表达自己的想法，反馈工作进展，甚至提出建设性的意见和建议。这种互动不仅有助于工作的顺利进行，还能增强团队的凝聚力和创新力。与领导互动是推动职场合作流畅与高效的关键。这种关系建立在深入沟通、相互尊重与理解的基础之上。当领导与下属之间能流畅互动、心领神会、默契配合时，工作的效率和团队的创造力都会得到极大的提升。

欲取之，必先予之

在追求利益的过程中，策略性地先给予对方好处是一种智慧。这不仅仅是一种手段，更是一种深层的修养和人生哲学。通过慷慨地付出，我们不仅能赢得他人的信任与尊重，更能为控局打下坚实的基础，为未来铺就一条通往成功的道路。

给予，实际上是一种隐形的投资。它可能不会立即带来回报，但在未来的某个时刻，这份投资往往会回馈给我们丰厚的果实。这种回报可能表现为他人的帮助、支持，甚至是意想不到的机会。因此，学会给予，是我们学会控局不可或缺的一步。

生活中，没有免费的午餐。每一分收获，都需要我们用心付出，无论是健康、财富还是人际关系。

周文王想请姜子牙相助自己。几次命人去请姜子牙，姜子牙都拒绝了，最终，周文王亲自前往，他的诚意打动了姜子牙。然而，姜子牙提出了一个条件：周文王把辇让给他。这看似是一个无理的要求，但周文王没有犹豫，立即答应了。姜子牙又提出让周文王亲自拉辇，没想到周文王又同意了。他拉着姜子牙一步一步前行。

最终，周文王拉着姜子牙走了八百七十三步。他的付出没有白费，他得到了姜子牙的全力相助。在姜子牙的辅佐下，周武王成功建立了周朝，开创了八百余年的基业。这个故事告诉我们，只有先付出，才能得到回报。周文王的坚持和付出，最终换来了周朝的创立。

聪明的控局：先予后取

在控局过程中，聪明的人明白一个道理：先予后取。他们深知，真正的收获往往源自慷慨的付出与投入。通过给予他人帮助、关心与支持，不仅能赢得他人的信任与尊重，更为自己积累了深厚的人脉与资源。这种先予后取的策略，不仅仅是一种表面上的交换，更是一种情感的交流、心灵的碰撞。当我们慷慨地付出，为他人带去温暖时，我们收获的不仅仅是他们的感激，更是他们内心深处那份难以言表的信任与尊重。

在运用欲取先予的策略时，把握好分寸是至关重要的。过度给予可能会让我们失去自我，而给予不足则可能难以打动他人。因此，我们需要根据具体情况，把控局面，恰到好处地给予。这需要我们具备敏锐的洞察力和判断力，以便在给予与索取之间找到最佳的平衡点。

在追求目标的道路上，迂回而行往往比盲目向前更为可靠。迂回不仅意味着绕开障碍，更是一种策略性的调整。它让我们有时间思考、观察，找到更好的路径。而盲目向前，往往容易使我们陷入困境。

利他即是利己，这是一种深入人心的智慧。在生活和工作中，我们常常发现，当我们真心为他人着想，付出真心和努力去帮助他人时，往往会收获更多的尊重和信任。这种善举不仅能为他人带去温暖和帮助，更能在无形中提升自己的品格和修养。因为，当我们善良真诚地对待他人时，也会激发他人同样的情感回应，从而建立起更加和谐的人际关系，助力我们事业成功。

任正非，华为的创始人和灵魂人物，深知“利他即是利己”的真谛。他常说：“钱给多了，不是人才的人也变成人才。”这并非空洞的口号，而是他切实实践的哲学。当华为遭遇骨干员工离职的困境时，任正非没有强行挽留，而是尊重员工的决定，但会巧妙地将离职日期推迟到年底。这背后隐藏的是华为的规定：年底前离职的员工无法获得丰厚的年终奖。最后，那位员工在离职后，意外地收到了高达200万的年终奖。

这件事不仅展现了任正非对员工利益的关心，更体现了他的“利他即是利己”的理念。他深知，只有让员工感受到公平和尊重，他们才会全心全意地为公司付出，最终推动公司的发展，实现真正的共赢。

利他与利己：长远目光下的双赢策略

在人生和职场中，远见卓识指引着我们不断前行。真正的成功，并非单纯地追求个人利益的最大化，而是能够在利他与利己之间找到完美的平衡点。这意味着，我们不仅要关注自身的需求和发展，更要学会站在他人的角度，思考如何满足他们的利益。当我们优先考虑他人的需求时，不仅展现出了自身的谦逊与大气，更在无形中为自己赢得了宝贵的信任和尊重。这种以他人为中心的思维方式，不仅能帮助我们建立和谐的人际关系，还能为我们打开更广阔的职业发展空间。

练就一双慧眼，辨识自己的人脉网

在控局过程中，识人的智慧如同明灯，照亮我们前行的道路。能够准确判断他人的性格、意图和动机，是建立稳固关系、化解潜在冲突的关键所在。而这样的智慧，并非一蹴而就，而是需要通过细致的观察、深入的交流以及审慎的判断来逐渐培养。

识人的智慧不仅对于日常人际交往至关重要，在职业发展的道路上，它也发挥着重要作用。在工作中，我们需要与各种类型的人打交道，包括同事、领导、客户等。通过准确判断他人的性格、意图和动机，我们能更好地入控局，更好地与他们合作、沟通和协调，从而取得更好的工作成果。

人心如同镜面，细节是其中的微光。在与人交往的过程中，细节往往能透露出一个人的真实想法和态度。一个微小的动作、一句不经意的话语，都可能是了解他人内心的钥匙。

战国末期，河南阳翟的商人吕不韦独具慧眼，资助了流落赵国的秦公子子楚。他不仅为子楚提供金钱援助，更助其赢得继承王位的资格。几年后，子楚成为庄襄王，吕不韦成为他得力的助手。庄襄王逝世后，吕不韦又助太子嬴政登基，即后来的秦始皇。秦始皇对吕不韦极为敬重，尊其为“仲父”，一时间，吕不韦权倾朝野。

吕不韦的成功，源于他善于洞察人心，能准确判断人的潜力和价值。同时，他重视人才培养，门下食客众多，他们的智慧最终汇集成《吕氏春秋》，为后世留下宝贵的财富。吕不韦的故事传颂至今，成为识人用人的典范。他的智慧与胆识，为后世敬仰。

人心难测：识人的挑战

在人际交往中，看透一个人的真实面目往往是一件很难的事情。人心如同深渊，难以捉摸，每个人都有自己独特的性格和背景。有时，即使我们与他人长期相处，也难以完全了解他们的内心世界。通过细心观察、深入交流和耐心理解，我们可以逐渐了解他人的内心想法，建立起更加深入的联系。

相由心生，个人的外貌、气质和神态都是由其内心状态决定的。一个拥

有善良、正直、宽容等美好品质的人会在他的外貌上体现出来，而恶意、狡诈、自私等不良品质也会在这个人的外貌上显露无遗。因此，通过观察一个人的外貌和神态，我们可以对其内心状态做出一定的判断。

结交志同道合的伙伴至关重要。我们应该选择那些善良、正直、有道德的人作为朋友。与这样的人交往，不仅可以让我们受到他们的积极影响，提升自己的品质，还可以让我们在人生道路上得到更多的帮助和支持。相反，如果我们选择与那些不良品质的人交往，很可能会受到他们的负面影响，甚至陷入困境。

择友之道，关乎事业与人生。良友如春风，温暖人心，为人生旅途增添无限光彩。他们不仅会给予我们物质上的帮助，更会在精神上给予我们支持和鼓励。与良友为伴，我们的道德观念能得以提升，责任感倍增，共同追求真善美，书写精彩人生。相反，若择友不慎，选择了卑鄙之人，则如同陷入泥潭，难以自拔。这类朋友往往心怀叵测，表面一套背后一套，不仅无助于我们的成长，还可能让我们陷入困境，甚至走上歧途。

北宋时期，王安石与吕惠卿曾是莫逆之交，当王安石的政治生涯如日中天时，吕惠卿对他赞不绝口，极尽奉承之能事。然而，吕惠卿野心勃勃，表面上恭顺有加，背后诋毁好友。为了谋求更高的权位，他人前一套，人后一套，暗地里给王安石下绊子。在宋神宗面前，吕惠卿恶意中伤王安石，踩着好友的肩膀往上爬，最终导致王安石黯然离职，退隐金陵。

王安石错将吕惠卿视为知己，不料这位所谓的至交好友竟是个口蜜腹剑、阴险狡诈之人。正是这样的朋友，让王安石在毫无觉察的情况下断送了自己的政治前途。王安石的经历警示我们，交朋友需谨慎，不要被表面的假象迷惑，以免落得个悔恨终生的下场。

与善良的人相交：一种宝贵的财富

在人生的道路上，与善良的人相交是一种宝贵的财富。善良的人如同明灯，照亮我们前行的道路，用他们的真诚和善良温暖我们的心灵。与他们相处，我们不仅能感受到人间的美好，还能学会如何更好地对待他人，如何成为一个更好的人。与善良的人相交，不仅丰富了我们的人生经历，也让我们的人生充满阳光和希望。

控局中要学会委婉地拒绝

在繁忙而多彩的生活中，我们时常面临各种邀请、请求和提议。有时，由于各种原因，我们不得不拒绝某些人，学会拒绝也是控局的一部分。

成功的拒绝并不是冷漠的回绝，而是一种精妙的斡旋。它融合了内心的坚持与智慧，通过明确而尊重的表达，既守护了自我，也能得到他人的理解。

拒绝，往往被视为一种简单的否定行为，但实际上，它是一门需要细致把握的沟通技巧。学会拒绝，意味着我们需要在尊重他人、保护自己的同时，寻找到最佳的平衡点。

唐朝的王忠嗣因父亲为国捐躯而被皇帝收养。成年后，他继承了父亲的英勇与智慧，成为一位杰出的将领。安禄山这个野心勃勃的节度使，竟想利用王忠嗣。他表面上请求王忠嗣协助修筑要塞，实则是想借此机会将王忠嗣的军队留在自己身边，为将来的反叛增添力量。王忠嗣看穿了安禄山的真实意图，但他知道自己不能直接拒绝。

于是，他选择了一个巧妙的方法：率领军队提前到达约定地点。当安禄山派人来接洽时，王忠嗣借口自己没见到安禄山，只好先将军队带回去了。这一举动既避免了与安禄山正面冲突，又成功地拒绝了他的请求。

拒绝的智慧：灵活且得体

拒绝，并不一定要生硬或冷淡。它是一种策略，更是一种智慧。有时，一个微妙的转变、一个体贴的建议，甚至是一个幽默的调侃，都能让拒绝变得不再尴尬。关键在于，我们在维护自己立场的同时，不要忘记照顾对方的感受。

拒绝他人时，以对方能接受的方式表达，是维护人际关系的关键。我们可以采用同理心，先理解对方的需求和期望，再温和而坚定地表达自己的立场。用体贴的语气、合理的解释或积极的建议来代替直接说“不”。

拒绝，不仅是个人界限的守护，更是内心尊严与自由的体现。它是一种权利，更是一种力量。我们天生拥有拒绝的权利，不应畏惧或忽视。我们要学会在适当的时候运用这一权利，通过明确、有力的表达向世界宣告自己的立场，进而捍卫自己说“不”的权利。

拒绝他人时，策略的选择至关重要，因为不恰当的拒绝方式可能会伤害到对方的感情，甚至影响双方的关系。擅于用策略拒绝他人，不仅可以保护自己的权益，还可以维护双方的和谐关系。

一天，皇帝朱元璋心血来潮，让宫廷画师周玄素为他绘制一幅“天下江山图”。这让周玄素犯了难，因为一旦他画得不如朱元璋的意，就有可能丢掉性命。但是他不能直接拒绝皇帝的要求。他恭敬地对朱元璋说：“陛下，臣未曾踏遍天下，怎敢轻易绘制江山图？恳请陛下先赐草图。”

朱元璋听后，心想这也是个办法，便挥毫泼墨，画出了江山的轮廓。周玄素拿到草图后，微微一笑，对朱元璋说："陛下山河已定，臣岂敢擅自改动？"朱元璋听后哈哈大笑，满意地点了点头，对周玄素的机智表示赞赏。周玄素用自己的方式迂回地拒绝了朱元璋的作画要求，成功地保住了自己的性命。

拒绝：挑战与策略并存

拒绝，往往被视为人际交往中的难题，因为它涉及权衡与选择。然而，在这个难题之中，蕴含着生活的智慧。学会用对方能接受的方式拒绝，是一种既考虑自己，又尊重他人的艺术。通过理解对方的需求，寻找双方都能接受的解决方案，我们可以让拒绝成为促进双方关系发展的契机，而非破坏关系的祸首。

打破传统规则，换种思维控局

世界上万事万物不断变化，这让我们意识到，很多事情的答案很可能不是唯一的，而是变化的，甚至是多种多样的。因此，我们的思维应该更加开放和积极，去拥抱这种多样性，勇于探索，以便更好地控局。

在快速变化的世界中，因循守旧无异于停滞衰退。只有敢于突破传统，拥抱创新与变革，我们才能不断前进，实现自我超越。那些故步自封的人，最终只会与时代脱节，失去竞争力。我们应以开放的姿态去迎接每一个新的挑战与机遇。

传统思维提供了稳定的框架，往往让我们有安全感，但过度地依赖传统思维势必会束缚我们的创新与发展。为了突破这一局限，我们需要勇于摆脱传统思维的束缚，尝试新的思考方式。

哥白尼是文艺复兴时期波兰享有盛名的天文学家，他以大无畏的勇气打破了当时广为人们接受的地心说，创新性地提出了日心说理论。根据他的理论，太阳，而非地球，是宇宙的中心。尽管这一革命性的观点在当时激起了广泛的争议和质疑，但哥白尼并未因此退缩。

相反，他通过精确的观察和缜密的实验来验证自己的理论。在经过一系列深入研究和实验验证后，他成功地证明了自己的观点是正确的，这一突破性的发现给科学界带来了巨大的震撼。科学的进步离不开对旧有观念的质疑和超越，正是这种敢于挑战的精神，让哥白尼不断追求真理，最终取得了重大的科学成就。

思路之光：照亮未来的道路

思路如同夜空中的明灯，照亮我们前行的道路。一个开阔、创新的思路能引领我们探索未知，发现新的机遇；而狭隘的思维则可能限制我们的视野，阻碍我们前行。因此，培养灵活而有前瞻性的思路，对于我们在人生航程中找到正确的方向至关重要。

人生的答案是多元和复杂的，除了所谓的标准答案，还存在许多更优选择和可能性。怎样寻求更优的答案，这就需要我们从不同的视角、思路、经验出发，开阔自己的视野，抓住更多的选择机会。在人生的旅程中，我们不应局限于标准答案，而应勇于探索、尝试和创新，寻找那些更适合自己的答案。

生活充满了无数可能，等待我们的不会只有一条路。勇于改变，意味着在适当的时候做出选择，不让遗憾与后悔成为人生的主旋律。不要等到最后一刻，才恍然意识到曾经的犹豫与拖延让我们失去了很多机会。现在，就是改变的最好时机。

人生是一场充满未知和可能的旅程。在这场旅程中，我们不应被固有的框架和标准束缚，而应勇敢地走出自己的道路，去寻找那些属于自己的更优答案。这样，我们的人生才能变得更加丰富多彩，更加充满意义。

北宋时期，王安石以锐意进取的姿态推出了众多涉及经济、政治及文化领域的改革措施。他的初衷是想振兴国家，实现国力的强盛。这些改革措施，打破了当时既有的社会体制与传统的思维模式，从而激起了社会各界的广泛争议与强烈反对。

然而，王安石并未因此而退缩。他坚定自己的改革理念，坚信只有通过这样的变革，才能推动国家的行政效率与经济发展水平迈向新的高度。在他的不懈努力下，这些改革措施逐渐得以实施，并在实践中展现出巨大的潜力，在一定程度上推动了国家的发展。

曲线救国：成功的另一条路径

在生活中，我们时常会遭遇棘手的问题，这些问题难以直接攻克，仿佛一堵高墙挡在了我们前进的路上。面对这样的问题，如果我们能够灵活地运用迂回策略，或许能在看似绝望的境地中找到新的出路，实现柳暗花明又一村。迂回策略并非回避问题，而是一种策略转变。它要求我们在面对困境时，不故步自封，不拘泥于传统的思维方式，而是敢于尝试走出一条新路，寻找更优的解决方案。这种思路的转变，往往能让我们找到另一条通往成功的路径。

正确认识自己，才能恰到好处地控局

人是复杂的动物，拥有多重性格和面貌。我们在不同的场合、情境下展现出不同的自己，如同变色龙般适应周围的环境。这种多面性让我们更加难以捉摸，也让人与人之间的相处充满了无限的可能和挑战。

由于人是复杂多变的，拥有多面性，因此了解自己的各个方面，并学会接受它们，是人成长的必经之路。通过深入的自我探索，我们能发现自己隐藏的潜能，更好地控局。

成就大事，往往始于对自我深入而准确的认识。只有真正了解自己，明白自己的长处和短处，才能更好地控局，找到更适合自己的道路。历史上，那些善于控局的人物，无不是建立在正确认识自己的基础之上的。

毛遂，一个默默无闻的赵国门客，在秦军围攻邯郸的危急时刻，却勇敢自荐随平原君赴楚国求援。他清楚自己的才能和胆识，也敢于突破自我，打算以行动证明自己的价值。

在楚国大殿上，面对楚王的怒斥，毛遂不卑不亢，用智慧和勇气迫使楚王采纳他的意见。最终，毛遂凭借自己的才智和胆识，成功说服楚王出兵援赵，解了邯郸之围。由此可见，真正了解自己的人更善于控局，就算别人不给机会，自己也会寻找机会。

慎贴标签，智在人心

在人际交往中，我们常因他人的只言片语而轻易地给对方贴上标签。然而，这往往限制了我们对他人的全面了解。不要轻易给他人贴标签，也不要盲目相信他人的判断。每个人都是多面的，背后有着复杂的故事。每个人都生来就拥有独特的潜能和能量。了解并善用自己的能力，是实现个人价值和社会贡献的关键。通过自我认知、持续学习和积极实践，我们可以不断挖掘自己的内在潜力，创造属于自己的精彩人生。

在这个纷繁复杂的世界里，认识自己确实是一项艰巨的任务。我们时刻都会受到外界的影响，容易被各种声音和看法左右，从而迷失自我。但正是这份认识自己的重要性，使得我们必须付出努力，去探寻内心的真实。

当我们对自己有了更深入的了解后，就能更容易地找到那些与我们三观一致的人。与这样的人交往，不仅能带来心灵上的契合和共鸣，还能为我们提供一个更加和谐的环境。通过与他们的交流和合作，我们可以一起成长、互相支持，共同创造更加美好的人生。

坚守自我，是一种源自内心的力量，它代表着对自己的信心、价值观和人生目标的坚定追求。在这个复杂多变的世界中，我们时常面临各种诱惑和挑战，很容易迷失方向，失去自我。然而，正是坚守自我，才能让我们在风雨中保持清醒，不被外界左右。

吕端，大宋的丞相，面对外界的质疑与挑战，他始终坚守自己的信念和立场。有人称他在处理日常政务时稍显不足，但宋太宗深知，在大是大非面前，吕端从未动摇。

当宋太宗病重，宦官王继恩意图篡权废太子时，吕端没有被权势诱惑，而是选择站在正义的一边。他智勇双全，成功将王继恩锁在书库，确保皇后与他能直接沟通。面对皇后的犹豫，吕端坚定地说：“先帝拥立太子，这是为了国家的未来。”随后，他果断召集百官，为新君举行登基大典。他坚持确认太子身份后，才率百官行跪拜之礼。王继恩无法阻止，新君顺利即位，即真宗皇帝。吕端的故事告诉我们，坚守自我、坚定信念是摆脱困境和战胜挑战的关键。他没有被外界左右，而是选择站在了正义和真理的一边。他的坚定与果断，为宋朝的稳定与繁荣奠定了坚实的基础。

外界的喧嚣，内心的宁静

外界的声音总是嘈杂多变的，别人的看法如同海浪般涌来。然而，真正的智慧在于我们如何筛选、如何权衡。重要的不是迎合所有人的期待，而是听从内心的声音，坚守自己的立场。这样，我们才能在生活的海洋中稳稳航行，不被风浪左右。

话说三分，控局就要学会控嘴

在日常生活中，我们应该时刻注意自己的言辞，避免说出伤害他人或引起争议的话。毕竟，一句话可能会改变一个人的命运，甚至引发一场风波。

口无遮拦的人，容易在无意中得罪他人，甚至给自己带来麻烦。真正的智者，懂得如何恰到好处地表达自己的观点，既不会暴露自己的内心，也不会因为过于保守而失去沟通的机会。他们明白，话语如同箭矢，一旦射出，便难以收回。因此，在开口之前，他们会慎重考虑，确保自己的言语既不会伤害他人，也不会给自己带来麻烦。这样的慎言防祸、话留三分的智慧，不仅可以帮助我们在社交场合中游刃有余，更能保护我们免受无谓的伤害。

在人际交往中，我们常常需要运用“话说三分，点到为止”的原则。这意味着说话要有所保留，不可全盘托出。在现实生活中，我们也应学会察言观色，保持谨慎和机警，以免使自己陷入不必要的困境。

曹操，这位拥有雄才大略的领袖，总是担心有人暗中对他不利。因此，他时常告诫身边的侍卫们：“我在梦中常常挥舞着屠刀，一旦我陷入沉睡，你们千万要与我保持距离，不要靠近我。”某个夜晚，曹操在营帐中安然入睡，身上的锦被却不慎滑落。一名侍卫见状，急忙上前为他盖上。然而，曹操突然从梦中惊醒，拔出腰间的宝剑，将那名侍卫斩杀于地，随后又继续陷入沉睡。当曹操醒来后，故作惊讶地问道：“究竟是谁杀害了我的侍卫？”众人纷纷将事情的原委告诉他。曹操听后，脸上露出悲痛的表情，并下令为那位侍卫举行了隆重的葬礼。

众人皆以为曹操是在梦中失去了理智，唯有杨修看穿了这一切。在葬礼上，他感叹道：“其实，并非丞相在梦中挥舞屠刀，而是他用梦来迷惑我们哪！”曹操得知杨修的这番言论后，对他心生不满。最终，在一次名为“鸡肋事件”的争端中，曹操以扰乱军心的罪名将杨修处死。杨修虽然洞悉了曹操的狡诈，但他口无遮拦，把真相全盘托出，最终因此丢了性命。

慎言慎行，尊重他人

在人际交往中，谨慎说话是维护和谐关系的重要原则。我们应该避免说过于直接或有冒犯性的言语，以免伤害他人的感情或尊严。尊重他人意味着

以善意和宽容的态度去对待他人，避免使用犀利或有攻击性的语言。通过谨慎选择言语，我们可以更好地表达自己的想法，同时也展现出对他人的尊重和关心。

在与人交往的舞台上，说话是我们最直接的表达方式。然而，真正的智慧并非在于滔滔不绝地倾诉，而在于“三分含蓄，七分智慧”的巧妙运用。这意味着在与他人交流时，我们不必毫无保留地展现自己的全部想法和感受，而应该学会适当地保留和隐藏。这能帮我们避免在言语中不经意间冒犯或得罪他人，从而维护和谐的人际关系。

在与人打交道时，过早地亮出自己的底牌往往会使自己陷入不利的境地。真正的智者，逢人只说三句话，保持神秘感，不轻易透露自己内心的真实想法和意图。这样做不仅有助于控局，还能在人与人的交往中保持优势地位。

在生活中，我们说话时要学会有所保留，不要过于张扬自己的才华和智慧，而要在深思熟虑之后，谨慎地做出决策和行动。这样，我们才能更好地应对各种复杂多变的情况，更好地控局。

在三国的乱世中，曹操帐下的谋士荀攸以其卓越的军事才能和深藏不露的智慧著称。他不仅在战场上屡建奇功，在日常生活中更展现了其有所保留的处世哲学。荀攸深知，在权力场中，过于张扬自己的才华和智慧往往会引来麻烦。因此，他总是在献策时故意留下一些微妙的破绽，让曹操有机会指出并改进。这样，他既能保持自己为人谦逊的形象，又能确保计谋的完善性。

同时，荀攸在受到封赏时也总是表现得十分低调。他从不独自揽功，而是将荣誉归功于其他谋士，甚至声称自己的成功离不开他们的指点和帮助。这种为人谦逊、功成不居的态度，让荀攸在当时赢得了广泛的尊重和赞誉。

智者的人生艺术：含蓄与保留

智者之所以能成为智者，在于他们拥有深邃的思考力与洞察力。在纷繁复杂的世界中，他们选择有所保留，不是因为他们缺乏知识和勇气，而是出于一种审慎与智慧。智者明白，言语的力量是把双刃剑，既能启迪人心，也能伤人于无形。因此，他们在分享智慧时，总是留有余地，让他人自己去领悟、去体验。这种保留不是傲慢或疏离，而是一种尊重与谦逊，是对他人独立思考能力的信任与鼓励。

知己知彼，更好控局

在与人交往中，了解他人是一项重要的能力。通过深入了解他人的性格、喜好、价值观等，我们能更好地理解他们的行为和决策方式，减少误会和冲突的发生，也能更好地控局。

在生活的战场上，真正的智者总是追求“知己知彼”的境界。这不仅是一种战略智慧，更是一种人生哲学。了解自己，意味着能清晰地认知自己的长处与短处，从而在挑战面前扬长避短；了解他人，则意味着能洞察他人的需求与意图，从而在交往中占据主动。当我们在人生道路上遇到困难和挑战时，不妨暂时停下来，深入反思自己，同时也用心去理解他人。只有这样，我们才能在复杂多变的人际交往中立于不败之地，实现个人的成长与超越。

在人际交往中，深入了解他人的真正意图至关重要，它是建立良好关系的基础。通过耐心倾听和细心观察，逐渐了解对方的内心世界。同时，审慎决策至关重要，它能避免草率行动。要权衡利弊，考虑各种可能性和后果，确保决策既符合自身利益，又不损害他人权益。这样，我们才能在人际交往中更好地控局，为自己赢得先机。

李愬（sù）雪夜袭蔡州是中国历史上最成功的突袭战战例之一，他运用的就是“知己知彼，百战不殆”的策略。李愬精通“知彼”之道。他通过降将的情报，深入了解了蔡州城的内部情况。他得知，城内的守军主要是老弱病残，而吴元济的精锐部队则在城外驻扎。这一情报为他制定战术提供了重要的依据。

李愬还精通“知己”之道。他深知自己的军队虽然训练有素，但由于之前的失败，士兵们的士气并不高，意志力也受到了打击，因此，他选了一个特别的进攻时间。李愬选择在一个大雪纷飞的夜晚，亲自率领数千精兵突袭蔡州城。雪夜为他们的行动提供了天然的掩护，也增加了对方的防范难度。在知己知彼的双重保障下，他的军队一举攻下了蔡州城，成功擒获了叛军主帅。正是这种对他人和对自己的全面了解，使李愬能在关键时刻做出正确的决策，最终取得胜利。

知己知彼：控局的智慧与策略

在人生这场漫长而复杂的旅程中，控局的关键在于我们是否能深入了解自己和他人。这种“知己知彼”的智慧，不仅能帮助我们在人际关系中取得优势，还能让我们更好地认识自己，实现个人的成长和成功。在人生的旅途中，我们会面临各种各样的挑战和困难。只有深入了解自己和他人，我们才

能更好地控局，制定出最适合自己的应对策略，从而在挑战面前保持冷静和自信。这种“知己知彼”的智慧，不仅能帮助我们应对眼前的困难，还能让我们在人生的道路上走得更加从容和坚定。

“知己知彼”是一种智慧，也是一种追求。在纷繁复杂的人生旅程中，我们需要首先了解自己，这样才能更好地与世界对话。了解自己，意味着认清自己的喜好、能力、价值观和局限性。这不仅仅是对自我形象的重新塑造，更是对人生方向的选择和坚持。而“知彼”则是一种对外的观察和理解。了解他人，意味着我们能尊重他人的差异，包容他人的不足，学习他人的优点。

“知己知彼”是一个持续的过程，它需要我们不断地反思、学习和成长。通过深入了解自己和他人，我们能更好地理解世界，更好地应对挑战，更好地实现自己的梦想。本着这样的态度，不仅能让我们在人际交往中更加得心应手，也能让我们在社会生活中更加包容。

通过深化自我认知，构建和谐的人际关系，让“知己知彼”成为我们人生航程中的一盏明灯，照亮前行的道路。这样，我们就能在纷繁复杂的世界中，找到属于自己的方向，赢取属于自己的胜利。

唐朝初期，政权尚未稳固，边境地区经常受到东突厥的侵扰。李渊之子李世民，在得知东突厥集结20余万大军准备进犯边境后，决定亲征泾阳。李世民深知，要想在这场战争中取得胜利，必须充分了解敌人和自己。因此，他派出精干的间谍深入东突厥内部，搜集军事情报。同时，他也对自己军队的实力进行了深入的反思和评估，明确了优势和不足。在充分了解敌人和自己的基础上，李世民制订了周密的作战计划。他仅率领数百名精锐士兵和百余名骑兵勇敢地冲向敌阵。后来，在谈判中，他运用智慧和策略，成功地说服了东突厥可汗，使其认识到与唐朝为敌并非明智之举。

最终，东突厥决定撤军，唐朝的边境安全得到了保障。这一胜利不仅彰显了李世民的英勇和智慧，更体现了"知己知彼"的战略思想在战争中的重要作用。通过深入了解敌人和自身情况，李世民成功地化解了危机，为唐朝的稳固和发展奠定了基础。

知己知彼：人生航程中的明灯

"知己知彼"是一种人生态度，它要求我们在面对生活的各种情境时，都能保持清醒的头脑，并进行深入的思考。在职业生涯中，我们需要了解该行业的发展趋势和竞争态势，把握市场机会，这样才能做出明智的决策。在个人生活中，我们需要了解自己的情感需求和价值观，找到真正适合自己的生活方式和伴侣。同时，我们也需要了解他人的想法和感受，尊重彼此的差异，建立真正的信任和友谊。通过"知己知彼"，我们可以更好地理解自己和他人，避免盲目和冲动，减少错误和遗憾。这种智慧不仅能帮助我们在职业生涯中取得成功，更能让我们在人生道路上走得更加坚定和从容。

诚信的人更易控局

诚信，这一中华民族的核心品质，是每个人在人生旅途中必须坚守的底线。它代表着真诚无欺、信守诺言，是我们在社会上立足的基石。拥有诚信的人，更容易控局。

一个真正具有诚信的人，他的言行是一致的，他的承诺是可信的。他懂得尊重他人，也懂得如何赢得他人的尊重。在复杂的人际关系中，诚信就像一盏明灯，照亮我们前行的道路，帮助我们与他人建立深厚的友谊和稳固的合作关系。然而，诚信并非我们自然而然就有的品质，它需要我们不断地自我修炼和践行。我们要时刻保持清醒的头脑，不要许下无法兑现的承诺。同时，我们也要学会辨识他人的真实意图，避免被虚伪和欺诈迷惑。

诚信，如同璀璨的钻石，珍贵而闪耀。一个人若能说到做到，便拥有了诚信之钻。言行一致，不仅是对自己的承诺负责，更是对他人的尊重。

古时候，有一位名叫季布的将领，他的故事流传至今，成为诚信的典范。季布并非因战功显赫而名垂青史，而是因其言行一致、说到做到的品质，赢得了“一诺千金”的美誉。当时，楚汉相争，季布为项羽效力，后成为刘邦的追捕对象。然而，在藏匿期间，他结识了朱家这位知己。朱家深知季布的为人，决定冒险相助。他游说刘邦的宠臣夏侯婴，强调季布的诚信与才能对国家的重要性。

经过朱家的劝说，夏侯婴决定向刘邦进言，最终使刘邦改变了对季布的看法。刘邦不仅赦免了季布，还任命他为朝中重臣。而季布也以诚信为本，恪尽职守，为汉朝的建立立下了赫赫战功。季布“一诺千金”的故事传颂千古，成为诚信的代名词。

诚信：无形的宝贵财富

诚信是为人之本，言行一致更是展现个人品质的关键。人一旦做出承诺，便应全力以赴，言出必行。这不仅是对自己的尊重，更是对他人信任的回报。在人生的道路上，我们要言行一致，说到做到，这不仅能赢得他人的尊重和信任，更能为自己积累下无形的财富。诚信比任何物质财富都更加珍贵。诚信是建立良好人际关系的基石，也是事业成功的保障。而说到做到，是诚信最直接的体现。诚信的光芒，虽然看不见摸不着，但它的力量无比强大。我们要珍视这份无形的财富，以诚信为本，成就更加辉煌的人生。

信誉，是一把通往成功的金钥匙。它比任何物质都更加宝贵，因为它会影响一个人的品格和信誉度。在商业领域，信誉是企业的核心竞争力；在个人生活中，信誉则是人际关系的基石。说到做到，信守承诺，是建立信誉的关键。只有言行一致，诚实守信，才能赢得他人的信任和尊重，也能让我们更好地控局。

失信于人，如同自掘坟墓，最终只会一败涂地。人一旦失信，不仅名誉扫地，更失去了他人的信任与支持。在商业领域，失信意味着合作关系的破裂，企业的衰败；在个人生活中，失信则会导致人际关系的疏离，甚至会导致自己孤立无援。因此，珍惜诚信，绝不失信于人，是每一个人都应该坚守的底线。

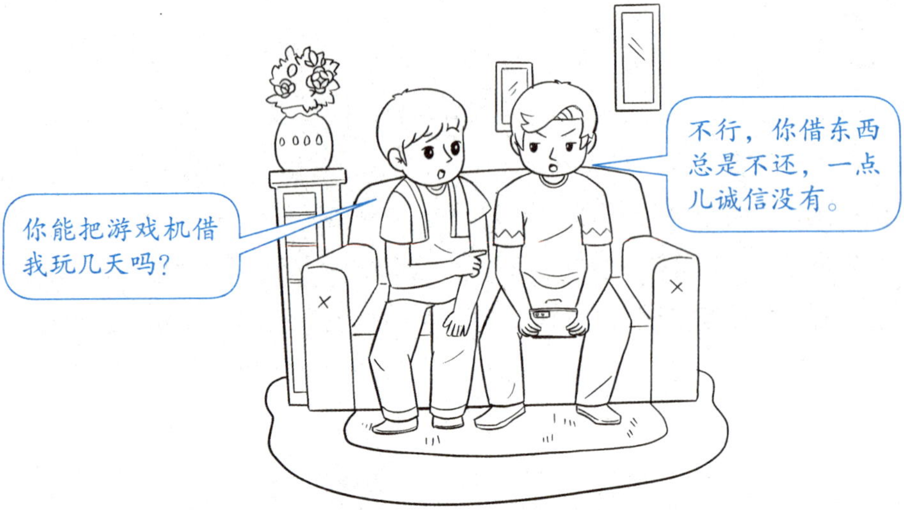

言行一致不仅仅是个人的道德修养，更是构建和谐社会的重要基石。当每个人都能够言行一致，不轻易背信弃义时，那么社会中欺诈和虚伪的现象就会大大减少，人与人之间的信任度会大大提升。

一天，曾子和妻子计划去市场买菜，活泼可爱的孩子却哭闹着要跟随。曾妻看着孩子泪眼婆娑的样子，便哄骗孩子说：“宝贝儿，你先在家乖乖玩耍，等我们从市场回来，就给你杀猪吃肉，好不好？”孩子听了这话，眼中闪烁着期待的光芒，于是点了点头，同意留在家里等待。

不久，曾子和妻子满载而归。

曾子走到猪圈前，提起刀准备杀猪。曾妻见状，急忙上前阻止："曾子，你这是干什么？那只是哄孩子的话，不用当真。"曾子停下手中的动作，严肃地看着妻子说："你怎么能这么说呢？孩子虽小，但他的眼睛是雪亮的。我们的一言一行，他都会看在眼里，记在心里。如果我们今天欺骗了他，他将来也可能会学会撒谎。这样，我们怎么能教育他成为一个诚实守信的人呢？"曾妻听了丈夫的话，一时间陷入了沉思。她若有所思，再也没有阻止曾子继续杀猪。这一天，他们的孩子不仅吃到了美味的猪肉，更重要的是，他还学到了一个宝贵的品质——诚信。

言行一致：赢得尊重与信任的基石

言行一致不仅是道德要求，更是做人的根本。在我们许下承诺之前，都应深思熟虑，确保能兑现。这不仅是对他人的尊重，更是对自己的负责。一个言行一致的人，如磐石般稳固，无论风雨如何侵袭，始终能坚守初心。这种品质不仅让人敬佩，更能赢得他人的信任和深厚友谊。反之，言而无信者，即便短暂得利，最后也会失去他人的信赖。因此，让我们始终践行言行一致的原则，成为值得信赖的人。

胸怀宽一点儿，气度大一点儿

胸怀宽一点儿，气度大一点儿，这是我们每个人都应该努力追求的目标。一个宽广的胸怀意味着能容纳不同的意见和看法，不轻易被他人的言辞左右，保持内心的平静与淡定。而一个气度大的人则能够在面对挑战和困难时，保持从容不迫的态度，不会轻易被困境压垮，而是展现出坚韧的毅力。

拥有宽广的胸怀和大的气度，不仅能让我们在人际交往中更加得心应手，更能让我们在面对人生的起伏和变化时，保持一颗平和的心。这样的心态不仅有助于我们的个人成长，也能为我们身边的人带来正能量和温暖。让我们时刻提醒自己，胸怀宽一点儿，气度大一点儿，以更加开放和包容的心态去面对生活中的那些挑战和机遇。

宽容如同心中的明灯，照亮我们与他人相处的道路。当我们以宽容之心对待他人的过失和差异时，不仅化解了冲突，更收获了内心的宁静与喜悦。宽容是一种力量，它让我们超越狭隘与偏见，拥抱世界的广阔与多元。

清朝时，安徽桐城有两位显赫一时的朝廷重臣，张英和他的儿子张廷玉。张、吴两家之间，有一块空旷的土地，邻里吴家一直觊觎着这块地，打算在上面建新房。两家因为此事打官司到县衙，最后张家人为了尽快结案，千里飞书到京城，向张英求救。张英知道此事后却微微一笑，挥笔写了一封信。家人收到信一看，上面只有四句话："千里家书只为墙，让他三尺又何妨？万里长城今犹在，不见当年秦始皇。"家人明白了他的意思，主动让出了三尺空地。吴家人看了，大为感动，也让出了三尺空地。

就这样，张、吴两家之间形成了一条宽阔的巷子，被当地人称为"六尺巷"。这个故事不仅展现了张英的宽广胸怀和谦让精神，更成为后世传颂的佳话。

学会宽容，拥抱快乐

宽容是一种美德，也是一种智慧。当我们学会宽容，心中的怨念和纷争便会消除，取而代之的是平和与喜悦。当我们的利益受损的时候，我们要学会用宽容的心态来看待，要知道忍耐不是逃避，而是暂时的等待与积累，是为了赢得时机或更有益的结果。宽容能让我们更加包容他人的不同，理解世界的多元化，从而在与人相处中减少摩擦，达成共识。因此，学会宽容，不

仅能让我们的心灵更加宽广，更能为我们带来无尽的快乐与满足。

一个人心胸的宽广程度与其所能成就的事业大小成正比。宽广的心胸如同辽阔的海洋，能容纳万物，滋养生命。当我们拥有宽广的胸怀时，便能容纳更多的思想、经验和知识，从而拓展我们的视野和思维。这种开放和包容的态度，有助于我们更好地与他人合作，激发创造力，成就非凡的事业。

宽容是一种无声的力量，它如同温暖的阳光，既能照亮他人的心灵，也能温暖自己。当我们选择宽容对待他人时，实际上也是在为自己的生活增添色彩。宽容能化解矛盾，减少冲突，为我们创造一个更加和谐的环境。同时，宽容也是一种自我疗愈的过程，它能帮助我们释放内心的压力，让我们更加轻松愉快地面对生活。

宽容是一种深远的人生智慧。通过宽容他人，我们表现出自己的大度和理解，从而赢得他人的信任和尊重。这种信任和尊重能让我们在困难时同样也得到他人的帮助和支持。

春秋战国时期，秦国国君秦穆公的战马被盗，结果被一群农民误杀食用。当手下将士将此事禀报给他时，众人都以为他会雷霆大怒，然而结果出人意料。秦穆公不仅没有生气，反而哈哈大笑，他说：“我听说吃马肉时最好配上好酒，否则对肠胃不好。传我命令，给这些人上好酒，让他们喝完后全部回家。”

然而，秦穆公自己也没有想到，他的这一善举会在未来救他一命。三年后，秦国与晋国交战，秦穆公被围困。就在这危急时刻，那群曾被释放的农民冲入战场，奋勇地救出了秦穆公。原来，他们为了报答秦穆公的恩情，特地前来相助。秦穆公感慨万分，更加坚定了仁爱治国的信念。这个故事告诉我们，善良和宽容的力量是无穷的。秦穆公以仁爱之心对待百姓，最终也得到了他们的回报。

宽容他人：以退为进的智慧

宽容是一种智慧，在适当的时候让步，从而以退为进。面对他人的错误或冒犯，选择宽容，不与之发生争执，选择理解和接纳。这种退让并不是软弱，而是一种更高级的进取。宽容他人有助于化解冲突和矛盾。当我们面对他人的错误或过失时，选择宽容而不是斤斤计较，可以避免很多不必要的冲突和矛盾，而让我们的生活更加和谐美好。通过宽容地对待他人，我们能化解冲突，减少对抗，为自己和他人创造更多的机会和空间。因此，宽容他人不仅是一种美德，更是一种以退为进的智慧。

遇事不慌，局面尽在掌控之中

“遇事不慌”是一种宝贵的人生态度。在面对生活中的种种变故和挑战时，我们要学会保持冷静和淡定。遇事不慌，是我们在复杂多变的世界中保持自我、应对挑战的重要法宝。无论遭遇多少波折，我们都应该保持内心的平静，掌控住局面，用不变的心态去应对万变的情境。

“遇事不慌，以不变应万变”是我们应对生活挑战的重要原则。这种不变的态度并非消极应对，而是一种内心的坚定和从容。它要求我们在面对困境时，不轻易动摇信念，不盲目行动。我们要冷静分析问题的本质，理性评估自己的能力和资源，从而制定出最合适的应对策略。

生活中总会遇到各种各样意想不到的事情，有些让我们欣喜，有些给我们带来困扰。面对这些，我们需要学会泰然处之，保持内心的平静和冷静。这不是逃避，而是积极面对，用平和的心态去处理事情。

在一个寒夜里，孙坚与他的部下们在鲁阳城的东门之外搭建帐篷，围炉饮酒，享受难得的宁静时光。然而，平静的氛围被一阵急促的马蹄声打破。董卓的骑兵突然现身，而且气势汹汹。

消息传来，众人惊慌失措，孙坚却表现得异常冷静。他挥手示意部下们保持镇定，整顿队形，不得轻举妄动。他自己则继续与众人谈笑风生，仿佛一切尽在掌控之中。随着时间的推移，董卓的部队越聚越多，声势浩大。孙坚这才缓缓起身，带领将士们有条不紊地进入城中。他解释道："我刚才之所以按兵不动，是担心在慌乱中，我们自己的部队内部可能也会发生践踏的情况。"董卓看到孙坚的兵马整齐划一，纪律严明，自觉难以对付。最终，他选择了撤退，放弃了进攻的念头。正是因为孙坚这种镇定自若、遇事不慌的态度为他的部队赢得了生机。

主动出击，转机就在前方

生活不是一帆风顺的，困境和挑战时常出现。面对生活中的各种挑战和突发事件，一个成熟稳重的人应该学会遇事不慌。在风雨飘摇的时刻，保持冷静的头脑和坚定的信念是至关重要的。我们要主动出击，以积极的态度去应对每一个难题。这并不意味着盲目冲动，而是在深思熟虑后采取的果断

而明智的行动。也只有这样，我们才能在复杂多变的现实世界中立于不败之地，书写出属于自己的精彩篇章。因此，不要害怕困难和挑战，让我们以积极的态度去面对，相信转机就在前方等待着我们。

在风雨变幻的人生舞台上，那些能镇定自若的人往往会成为真正的赢家。这种特质不仅仅是一种表面上的从容，更是一种源自内心深处的强大力量。它意味着在面对困境、压力或是突如其来的变故时，我们能迅速调整心态，保持冷静和理智，从而找到最佳的应对之策。

“以不变应万变”并不意味着一成不变，而是在变化中坚守原则的智慧。在复杂多变的世界里，我们时常面临各种挑战和选择，而真正的智慧，在于如何在这些挑战和选择中保持内心的稳定。这并不意味着我们墨守成规，而是在坚守自己价值观的同时，灵活应对各种变化。只有这样，我们才能在万变之中找到真正的自我，实现内心的平和与外在的成就。

当我们急于求成时，往往会忽视现实条件，导致事情的结果不如预期。因此，我们应该学会保持冷静和耐心，以更加理性和稳健的态度面对生活中的挑战和困境。只有这样，我们才能更好地应对各种变化，取得更好的成绩。

春秋时期，齐国的齐景公非常看重相国晏婴。有一天，他正在城外游玩，突然一匹骏马飞驰而来，上面的士兵气喘吁吁地报告说：“晏婴病情严重，请求大王火速回宫。”这个消息让齐景公脸色大变，他立即下令返回都城。

在回城的路上，齐景公心急火燎，不停地催促车夫加速。然而，马车的速度始终未能达到他的期望。于是，他果断地夺过缰绳，亲自驾驭马车。虽然竭尽全力鞭策马匹，但心中的焦虑丝毫未减。为了尽快赶回都城，齐景公多次下车，徒步奔跑。然而，由于体力不支，他不得不重新坐上马车。经过几番折腾，他终于在比预期晚一天的时间里回到了都城，但遗憾的是，晏婴已经离世了。这个故事告诉我们，有时候过于急躁只会适得其反。

盲目匆忙：容易导致局面失控

在快节奏的现代生活中，我们时常因为急于求成而陷入盲目匆忙的境地。这种做法如同迷雾中的行者，容易失去方向，导致决策失误。当我们在匆忙中做出选择时，往往缺乏深思熟虑，容易忽视细节和潜在的风险。因此，盲目匆忙成为局面失控的温床，让我们在不知不觉中陷入困境。我们应该学会在决策前停下脚步，冷静分析形势，给自己留出足够的时间来权衡利弊，充分考虑各种可能性，才能让局面在掌控之中。

注重细节，从细微处控局

在追求目标的道路上，细节往往成为决定成败的关键。注重细节，意味着对每一个环节都给予足够的重视和关注，不放过任何可能影响结果的因素，让一切尽在掌控。这种谨小慎微的态度，不仅能帮助我们避免失误，更能在细微之处发现机会，为成功打下坚实的基础。

在追求成功的道路上，注重细节不仅仅是一种方法，更是一种积极的心态。这种心态反映了我们对目标的专注、对结果的追求以及对自身责任的承担。当我们注重细节时，意味着我们对每一个环节都投入了足够的精力和时间，也意味着一切尽在掌控。我们不会满足于表面的成果，而是深入探究每一个细节，追求更高的标准和更好的效果。这种对细节的关注，让我们能发现问题、改进不足，从而不断提升自己的能力和水平。

在生活和工作中，细节往往扮演着至关重要的角色。一个微小的疏忽，可能就导致整个计划的失败；而一个精心设计的细节，却能为成功增添关键的一笔。“细节决定成败”，这句话并非空谈，而是经验和智慧的总结。

东晋时期，大将军陶侃以他的精明和细致著称，无论是小事还是大事，他都能考虑周全。当陶侃负责造船时，他命令士兵们将剩余的木屑和竹头全部收集起来，这一举动让众人感到困惑。然而，不久后的一场大雪让人们明白了他的用意。当雪后初晴，官府前的道路泥泞不堪，这时，木屑正好派上用场，被用来垫路防滑。

多年后，当荆州刺史桓温计划攻打蜀地，需要大量造船时，铁钉供应不足就成了一个问题。这时，陶侃多年前储存的竹头又派上了用场，它们被巧妙地用作竹钉，解了燃眉之急。陶侃的这些故事充分展示了他对细节的关注和重视。正是因为他在日常生活中不断积累、善于利用资源，才能在关键时刻发挥出巨大的作用。这也正是他能成就一生辉煌功勋的重要原因之一。

细微之处，价值千金

我们常常忽略那些看似微不足道的小事，但往往正是这些小事，蕴含着无法估量的价值。一个细微的善举，可能点亮他人的希望之光；一次不经意的鼓励，可能激发他人的无限潜能。因此，我们不应该轻视任何一件小事。每一件小事都可能成为我们通往成功的关键。当我们学会在细微之处发现价值，用心去感受生活中的每一个瞬间时，我们将会收获更多的惊喜与成长。这些小事不仅让我们成为更好的自己，也让我们与他人建立更加紧密、真诚的联系。让我们珍惜身边的每一个细节，用心去体会生活中的美好与意义。

在通往成功的道路上，每一个微小的努力和善举都可能成为重要的转折点。不要吝啬你的举手之劳，因为这些看似微小的行动，可能会为你赢得他人的信任和尊重，从而为你铺设通往成功的道路。每一次的帮助，都是一次人脉的积累，每一次善举，都是一次个人形象的塑造。在竞争激烈的社会中，那些愿意伸出援手的人，往往更容易获得他人的支持和合作机会。

在追求卓越的征途上，成功者从未满足现状，他们始终重视从小事做起，秉持精益求精的态度。因为他们知道，只有不断超越自我，才能在激烈的竞争中脱颖而出。这种精神让他们在工作中追求极致的完美，不断提升自己的能力和技艺。正是因为这种精益求精的态度，他们才能在各自的领域中取得卓越的成就，成为行业的佼佼者。

细节在一定程度上确实可以决定成败。虽然成功往往是多个因素的综合作用，但细节在这些因素中扮演着至关重要的角色。在多数情况下，对细节的关注和把握能直接影响到一个人或一个任务的成败。

《后汉书》中记载了一则有关少年陈蕃的故事，这则故事告诉我们要想成就大事，必须从小事做起。

陈藩是个志向远大的少年，年仅十五岁就决心以天下为己任，因此全身心投入读书之中。然而，他对自己的房间疏于整理，让房间变得杂乱无章。一天，陈蕃父亲的朋友来访，看到他房间的状况后，不禁皱起了眉头。他询问陈蕃为何不整理房间，陈蕃却振振有词地回答，他的目标是扫除天下的不公，而不是拘泥于一间小屋。父亲的朋友听后，虽然欣赏陈蕃的志向，但更担心他的眼高手低。他严肃地告诉陈蕃："连一间屋子都无法收拾好，又怎能谈及治理天下呢？"他提醒陈蕃，任何伟大的事业都是由无数琐碎的小事组成的，如果连这些小事都做不好，又怎能期望自己成就大事呢？陈蕃被这番教诲触动，他深刻反思了自己的行为。

从那以后，陈蕃开始严格要求自己，从整理房间这样的小事做起，逐步培养自己的责任感和耐心。最终，他凭借这种严谨的态度和不懈的努力，成就了一番辉煌的事业。

细节之力，铸就终极成果

在追求卓越的过程中，细节的力量确实不容忽视。有时候，一个看似微小的调整，或一个不起眼的改变，都可能在关键时刻发挥出意想不到的作用，成为决定最终成果的关键因素。在商业领域，一个微妙的语气变化，一次精准的时间把握，甚至是一份细致入微的合同条款，都可能在谈判中起到决定性的作用。在艺术领域，笔触的细腻、色彩的搭配、构图的平衡，这些看似微小的细节，却能在无声中影响着一幅作品的韵味和深度。细节的力量是无穷的，它可能决定着我们的成败与得失。只有当我们真正重视细节，将其融入每一次决策和行动中，我们才能在追求卓越的路上走得更远，实现更高的目标。

跳出舒适区，不要内耗自己

舒适区，如同一个温暖的港湾，为我们提供安全和安逸。然而，过度地依赖舒适区，却可能成为我们成长的绊脚石。真正的成长，往往需要我们跨越这个界限，去迎接未知的挑战。每一次的尝试和突破，都是对自我能力的拓展和提升。

每个人都有自己的舒适区，但过度依赖舒适区会限制我们的成长和潜力。虽然跳出舒适区意味着我们要面临更多的不确定性和挑战，但这也是个人成长的跳板，将助力我们迈向更广阔的天地。因此，我们应该勇于跳出舒适区，不断挑战自我，实现自己的最大价值。

许多人喜欢待在自己的舒适区内，避免面对新的挑战和机会。这种心态在短期内可能带来轻松和满足，但长远来看，可能带来严重的后果。

《晋书·陶侃传》中有一个令人敬佩的故事。陶侃，这位在地方任职的官员，尽管政务并不繁忙，但选择了一种看似平凡却极具挑战性的日常活动——搬运砖块。

每天清晨，陶侃会早早起床，将一百块沉重的砖块从屋内搬到屋外。到了傍晚时分，他再将这些砖块一一搬回屋内。这一看似枯燥无味的行为，他却坚持不懈，风雨无阻。

有人对此感到好奇，询问陶侃为何要如此辛苦地搬运砖块。他微笑着回答道："我正在为中原的复兴而努力。如果过于安逸，恐怕将来难以担当重任。""陶侃运甓（pì）"的故事流传千古，陶侃通过自己的实际行动诠释了真正的励志和勤奋。他深知，只有勇于跳出舒适区，通过不断的挑战，才能保持旺盛的斗志，提升自己的能力。

超越自我，追求卓越

舒适区虽然意味着熟悉、安逸，但也意味着停滞不前。当我们选择避免挑战，也就失去了锻炼自己、提升自己的机会。这样的生活态度会逐渐磨灭我们的斗志和创新能力，使我们在面对真正的困难时显得无能为力。沉溺于舒适区还可能让我们与他人的关系变得疏远。当我们选择避免挑战和困难时，我们可能失去了与他人共同成长、共同进步的机会。在人生的道路上，最大的敌人往往是我们自己。我们要勇于跳出舒适区，敢于进行新挑战，每一次尝试，都是对自我的一次深刻探索。我们要勇敢地向前迈步，不断拓宽视野，激发内在潜能，书写属于自己的精彩篇章。

在舒适区内，我们往往容易陷入一种安逸的状态，但这种安逸正是内耗的温床。在舒适区内，我们可能会因为缺乏挑战而感到无聊和厌烦，这种消极的情绪容易引发内心的冲突和矛盾，甚至让我们对自己的能力和价值产生怀疑。这种内心的消耗不仅会降低我们的生活质量，还会阻碍我们的成长和进步。

我们可能会因为害怕失败、拒绝变化，或是缺乏自信而不敢走出舒适区。这种消极的态度不仅让我们错失了成长的机会，还可能引发内心的冲突和矛盾。走出舒适区并不是一件容易的事。我们需要克服内心的恐惧和不安，学会面对未知和变化。

舒适区如同一片看似宁静的湖面，但下面往往暗流涌动。在其中，我们可能会因为缺乏挑战和刺激而感到乏味，如同被困在一片单调的灰色地带。这种无聊和厌倦，如同阴霾一样逐渐侵蚀我们的内心，让我们在无形中消耗着宝贵的精力。我们可能会因此错失许多宝贵的机会，甚至在不知不觉中走向衰败。

陈叔宝，南朝陈的末代君主，后世常称他为陈后主。在位期间，他沉迷于诗酒音乐，生活极度奢华，对国家大事置若罔闻。隋开皇九年，陈叔宝对即将攻城的隋军一无所知，竟然还在宫中与宫女嬉戏。直到隋军兵临城下，他才召集朝臣商讨对策。但陈叔宝的想法令人震惊——他竟在考虑如何投降，还纠结是站着还是跪着。在朝臣的劝说下，他才决定穿上龙袍。

然而，当隋军逼近时，陈叔宝却带着嫔妃们躲进了深井。朝臣们苦苦哀求，但他充耳不闻。最终，隋军还是发现了陈叔宝和他的嫔妃们，他被迫投降。这个故事警示我们：沉溺于舒适区、贪图享乐是危险的。陈叔宝身为皇帝，却对国家大事置之不理，只知享乐。当危险来临时，他无法应对，既失去了皇位和尊严，又让国家陷入了动荡。

勇于走出舒适区：自我超越与成长

舒适区就像一个温暖的茧，保护我们免受外界的风雨侵袭，但同时也可能束缚了我们的翅膀，让我们失去飞翔的能力。舒适区还可能会削弱我们的抗压能力。当我们一直处于舒适的环境中时，我们可能会变得脆弱和敏感，无法应对生活中的挫折和困难。而当我们勇敢地走出舒适区，面对各种困难和挑战时，我们会变得更加坚强和勇敢，这将有助于我们在未来的生活中更好地应对各种挑战。

学会控局才不会出局

控局，控的就是人性。只有那些顺应规律，做事符合大多数人利益的人，才有可能把局做大。

要在局势中占据主动地位并掌控局面，最重要的就是要懂得“控”，要创立互利共存的系统，才能实现可持续发展。真正高明的控局者，从一开始就会筹划整个局，制订好计划，并根据变化随时接受各种挑战。

懂得控局的人，都懂得谋局。《孙子兵法》说：“庸者谋事，智者谋局。不谋万世者，不足谋一时；不谋全局者，不足谋一域。”所谓谋局，就是利用自己的长远目光进行规划布局，细致地谋划每次行动的策略和步骤。只有学会谋局，才能掌控全局。

曹爽是三国时期曹魏的权臣，出身于显赫的曹氏家族，自幼便深受曹操喜爱。他凭借家族背景和自己的才能，在曹魏政权中步步高升，最终成为掌权者。然而，他的独断专行和傲慢态度引起了众人的不满，尤其是与司马懿之间的矛盾日益激化。

在这样的背景下，司马懿明白，与曹爽正面冲突并非明智之举，于是采取了退让的策略，隐藏在幕后，积蓄力量。他保持低调和敬畏，避免了与曹爽的直接冲突，为自己赢得了时间和空间。

最终，当曹爽离开京城时，司马懿抓住了这个难得的良机，果断行动，废黜并杀掉了曹爽，从此大权在握。

控局：学会观局也很重要

谋局可以说是事前的一种准备，但是在事情的发展过程中，可能会出现各种变化，很难让一切都按照我们预想的进行。因此，为了更好地控局，就要学会观局，也就是根据预先制订的计划来跟踪形势的变化，并迅速掌握其中的危险因素以作出相应的战略调整。在这个过程中，要密切关注局势的变化，如果发现情况有变，就要采取行动予以补救，将其重新带回正轨。

控局并不是一门简单的学问，要想成为一名控局高手，就需要掌握很多技巧。控局，要学会占据优势位置。要想不被琐碎的事务干扰，专心控局，就要站得足够高，否则容易被外物误导视线。控局高手解决问题的时候总是优先考虑占据优势位置，从而获取全面掌控的视角。

控局高手一定要有魄力。很多人做事的时候总是犹豫不决，没有勇气作出决定，在不同的选项面前摇摆不定。等到下定决心时，早已错失良机。

在古代，项羽与刘邦之间的纷争广为人知。后来，刘邦在灞上驻军时，他手下的曹无伤派人告诉项羽，说刘邦想要在关中称王。对此，项羽十分生气，设下鸿门宴，想要除掉刘邦。但是在宴席上，他优柔寡断，迟迟下不了决心杀死刘邦。亚父范增多次给项羽使眼色，项羽却没有反应。范增按耐不住，出去叫来项庄，让他借舞剑的机会杀死刘邦，但计划被项伯给破坏了。

直到刘邦离开宴席，项羽都没有下定决心，因此错失了杀死刘邦的良机，这才有了后来的项羽乌江自刎。如果他不这么优柔寡断，也许历史就会被改写。

控局：学会观察和推理

有时候，局势的变化十分微小，如果不用心观察，很难发现。为了占得先机，掌控局势，就要学会观察和推理，从一些蛛丝马迹中发现线索，提前预判并引导事物朝着对自身有益的方向前进，方能在竞争激烈的局势中取得成功并获得美好的前景。